政府部门网络安全解决方案指引

工业和信息化部电子科学技术情报研究所
浙江省信息安全行业协会
编著

电子工业出版社·

Publishing House of Electronics Industry

北京·BEIJING

内 容 简 介

本书以当前各级政府部门网络安全管理工作为核心，描述信息安全组织管理架构及工作职责，明确信息安全管理范畴，重点阐述信息安全检查、信息安全教育培训、信息安全应急等信息安全日常管理工作的主要做法和工作流程，详细介绍互联网安全接入、网络安全、计算机终端安全管理、应用系统日常安全防护等信息安全基本防护工作的主要做法和关键技术手段，以及云计算安全、移动办公等新技术在政府部门的应用。

未经许可，不得以任何方式复制或抄袭本书之部分或全部内容。
版权所有，侵权必究。

图书在版编目（CIP）数据

政府部门网络安全解决方案指引／工业和信息化部电子科学技术情报研究所，浙江省信息安全行业协会编著. —北京：电子工业出版社，2014.12
ISBN 978-7-121-24733-0

Ⅰ. ①政⋯ Ⅱ. ①工⋯ ②浙⋯ Ⅲ. ①计算机网络－安全技术 Ⅳ. ①TP393.08

中国版本图书馆 CIP 数据核字（2014）第 261944 号

责任编辑：孙杰贤
封面设计：陈　楠
印　　刷：三河市鑫金马印装有限公司
装　　订：三河市鑫金马印装有限公司
出版发行：电子工业出版社
　　　　　北京市海淀区万寿路 173 信箱　邮编　100036
开　　本：720×1000　1/16　印张：13.75　字数：77 千字
版　　次：2014 年 12 月第 1 版
印　　次：2014 年 12 月第 1 次印刷
印　　数：3 000 册　定价：45.00 元

凡所购买电子工业出版社图书有缺损问题，请向购买书店调换。若书店售缺，请与本社发行部联系，联系及邮购电话：（010）88254888。
质量投诉请发邮件至 zlts@phei.com.cn，盗版侵权举报请发邮件至 dbqq@phei.com.cn。
服务热线：（010）88258888。

《政府部门网络安全解决方案指引》编委会

顾 问	何德全 刘小英 崔书昆 宁家骏 曲成义
编委会	（按姓氏笔画顺序）
	王 达 邓 中 左晓栋 刘九如 刘春波
	刘祖泷 刘海峰 安克万 孙志谊 吴天寿
	杨东升 杨 达 陈 军 李宏图 李建彬
	李爱东 李 强 李新社 张 胜 张雪峰
	邱 萍 宝音乌力吉 孟维站 罗锋盈
	胡红升 胡蓓姿 宫亚峰 钱秀槟 黄永宏
	路 一
主 编	洪京一
执行主编	尹丽波 张炎龙
编辑组长	刘 迎 张 格
编 辑 组	肖俊芳 于 盟 傅如毅 李振华 唐 旺
	王春佳 李佳伦 苑建永 张 伟 伍 扬
	张 恒 张慧敏 孙立立 刘京娟 黄 丹
	李 俊 郭 娴 张芳芳 程 宇 张德馨
	张 洪 唐一鸿 梁 博

特别感谢

浙江远望电子有限公司

快威科技集团有限公司

神州数码信息系统有限公司

易聆科信息技术有限公司

北京圣博润高新技术有限公司

西安未来国际信息股份有限公司

北京朋创天地科技有限公司

序

习总书记指出，当今世界，互联网发展对国家主权、安全、发展利益提出了新的挑战，必须认真应对。虽然互联网具有高度全球化的特征，但每一个国家在信息领域的主权权益都不应受到侵犯，互联网技术再发展也不能侵犯他国的信息主权。在信息领域没有双重标准，各国都有权维护自己的信息安全，不能一个国家安全而其他国家不安全，一部分国家安全而另一部分国家不安全，更不能牺牲别国安全谋求自身所谓绝对安全。国际社会要本着相互尊重和相互信任的原则，通过积极有效的国际合作，共同构建和平、安全、开放、合作的网络空间，建立多边、民主、透明的国际互联网治理体系。

目前，高度发达的信息网络已然成为国家经济发展的重要支柱与动力。与人类生产和生活相关的各种活动都日益通过网络得以开展，人类社会对网络与信息系统的依赖程度日益提高。随着我国经济发展和社会信息化进程的加快，政府部门及金融、电信、交通、能源等各行业的运转日益依赖网络与信息系统，网络安全已经成为维护我国国家安全和社会稳定的一个关键要素。网络与信息系统的复杂性必然带来脆弱性，它在为社会发展带来新机遇的同时，也带来新的安全挑战。特别是国家重要信息系统的网络安全风险不断增加，信息泄露问题日益凸显，云计算、物联网、移动互联网等新技术应用安全问题令人担忧。

随着我国电子政务建设日益深入，政府公务活动对网络和信息系统的依赖度日益提高。网络与信息系统的安全、稳定和可靠运行已成为政府部门和企事业单位正常运转的基础，保证政府网络安全、设备可靠至关重要。长期以来，我国政府高度重视网络安全问题，中央网络安全和信息化领导小组的成立更是标志着我国网络安全工作进入新的历史阶段。

然而，在当前外部威胁不断增强的情况下，我国政府部门网络安全防护能力明显不足，难以有效应对日益频多的网络安全新情况、新问题。如何更好地为政府公务人员提供网络安全方面的指导、提高政府公务人员的网络安全知识与实践技能，是我国当前面临的一个重要时代课题。

《政府部门网络安全解决方案指引》全面介绍了政府部门网络安全重点工作，是一本面向政府部门工作人员的优秀教育读本，也可作为从事网络安全工作的专业人士的参考书。相信本书的出版，将有利于推动各级政府部门工作人员网络安全知识与实践技能的提高。

最后，期待本书的编者们能有更多更好的研究成果，为我国网络安全事业发展做出更大贡献！

何德全

2014 年 9 月

前　言

随着我国经济发展和社会信息化进程的加快，信息技术在国家政治、经济、文化、军事、科技等领域得到广泛应用，信息安全日益成为保障国民经济和社会信息化顺利推进的基础性、战略性任务。进入新世纪以来，网络空间的国际竞争日益复杂，政府部门信息安全事件层出不穷，政府网站和信息系统频遭攻击，政府信息安全形势严峻。

我国自 2009 年开展政府信息系统安全检查工作以来，各部门以信息安全检查为抓手，以查促防、以查促建，全面带动和促进了信息安全工作。政府信息系统基本保持平稳运行，信息安全管理普遍加强，信息安全事件有所减少。但是近年来的信息安全检查也反映出随着外部安全威胁不断增加，政府部门信息安全整体防护能力仍难以抵御高强度的网络攻击，突出表现在：信息安全基本防护手段没有得到有效实施，如"弱口令"等问题大量存在，对防病毒软件和操作系统定期升级等防护手段在实际工作中往往被忽视；信息安全保障工作要求没有得到有效落实，如一些部门忽视信息安全整改工作，难以开展有效的应急处置和技术防护，信息安全规章制度有待完善等；信息安全防护水平参差不齐，如各部门对信息安全重视程度存在差距，安全防护仍存在薄弱环节，防护能力亟待提高等。

　　本指引以当前政府部门网络安全管理工作为核心，基本网络安全防护工作为依托，描述网络安全组织管理架构及工作职责，明确网络安全管理范畴，重点阐述安全检查、应急管理、安全教育培训等网络安全日常管理工作的主要做法和工作流程，详细介绍互联网安全接入、网络安全、计算机终端安全管理、应用系统日常安全防护等网络安全基本防护工作的主要做法及关键技术手段，以及云计算安全、移动办公等新技术在政府各部门的应用，并且针对具体的网络安全工作内容辅以解决方案应用案例，指导政府部门网络安全管理人员及技术人员进一步完善网络安全保障工作，加强网络与信息系统安全管理和技术防护，促进安全防护能力和水平提升，切实保障政府部门信息安全，预防和减少重大信息安全事件的发生，维护公众利益和国家安全。

　　本指引是作者所在单位面向各级政府部门开展网络安全工作经验的总结，编制过程得到了中央网络安全和信息化领导小组办公室、工业和信息化部等有关领导的指导，也得到了地方信息安全主管领导、信息安全专业机构多位专家的帮助，同时还受益于多个信息技术和信息安全公司的大力支持，在此表示衷心感谢！

　　限于作者知识水平，书中难免出现错误之处，恳请读者批评指正。

编著者

2014 年 9 月

目　　录

第一部分　网络安全日常管理工作

第二部分　网络安全技术防护工作

第三部分　新技术在政府部门的应用

第一部分　网络安全日常管理工作

第一章　网络安全管理组织

为规范网络安全管理工作，需要加强领导，落实责任，完善措施，建立健全网络安全责任制和网络安全相关管理制度，制定网络安全工作的总体方针和目标,明确网络安全工作的主要任务和原则，以推动网络安全工作的开展。

一、总体框架

网络安全管理组织由网络安全领导小组、网络安全工作小组和执行机构组成。管理组织框架如下图所示：

网络安全领导小组组成如下：

1. 网络安全领导小组组长：由网络安全工作分管领导（副部级领导）担任；

2. 网络安全领导小组副组长：由网络安全责任部门网络安全工作主管领导（司局级领导）担任；

3. 网络安全领导小组成员：由各部门主管领导组成；

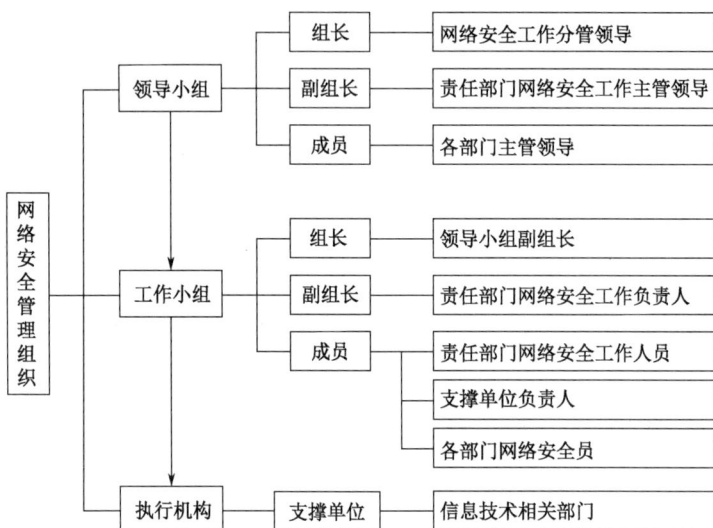

图 1-1　网络安全管理组织框架

网络安全工作小组组成如下：

1．网络安全工作小组组长：由网络安全领导小组副组长担任；

2．网络安全工作小组副组长：由网络安全责任部门网络安全工作负责人担任；

3．网络安全工作小组成员：由网络安全责任部门网络安全工作人员、支撑单位负责人和各部门网络安全员组成。

二、主要职责

网络安全领导小组负责本组织网络安全工作的领导、决策和资源提供。具体职责为：

1．负责本单位网络安全管理工作；

2．确定网络安全工作职责，指导、监督网络安全工作；

3．制定网络安全方针，确定网络安全总体目标；

4．为网络安全工作提供人力、物力和财力资源保障；

5．确定网络安全的风险级别，对重大网络安全事件的处置进行决策；

6．建立健全网络安全组织管理体系和管理机制。

网络安全工作小组负责研究本组织的重大网络安全事件，落实网络安全方针和目标，制定网络安全总体策略、规范和技术标准。具体职责为：

1．负责本单位网络安全工作的具体落实；

2．组织网络安全检查和风险评估工作；

3．宣贯网络安全方针和总体目标；

4．负责对网络安全工作人力、物力和财力需求进行策划；

5．根据国家法律、法规和有关要求制定网络安全管理制度和办法；

6．负责网络安全教育培训。

网络安全工作执行机构由政府部门信息技术相关部门承担，负责网络安全具体工作的开展和执行。

1．根据网络安全制度或办法，制定网络安全规范、策略和具体防护措施；

    2．负责重点领域网络安全检查，开展网络安全风险评估工作；

    3．宣传网络安全相关知识；

    4．负责网络安全日常运行维护工作。

三、网络安全管理范畴

    网络安全管理范畴包括人员安全管理、信息资产安全管理、访问控制安全管理、密码控制安全管理、物理环境安全管理、操作安全管理、通信安全管理、信息系统获取开发维护管理、供应关系管理、信息安全事件管理、信息安全方面的业务连续性管理、信息安全符合性管理、信息安全风险管理等方面。每项网络安全管理的目的和内容简单介绍如下。

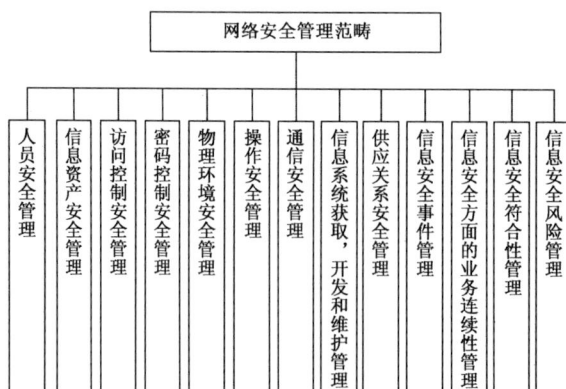

图 1-2　网络安全管理范畴

（一）人员安全管理

人员安全管理的目的是确保信息安全相关人员理解其信息安全职责，确保信息安全相关人员能够履行信息安全职责。

人员安全管理内容主要包括针对内部员工、外包人员和临时访客等第三方人员制定信息安全相关规定，明确信息安全管理部门、人力资源部门、信息技术部门等信息安全相关部门在人员安全管理各环节中的相关职责。

（二）资产安全管理

资产安全管理制度建设目的是实现和保持对信息资产的保护，对信息资产进行识别和分类，对不同级别的信息资产采取不同的保护措施。

主要内容包括对信息资产的分类、识别和分级保护的相关规定，明确信息资产管理者、所有者和使用者的安全职责，规范信息资产在创建、使用、维护和处置整个生命周期中的安全管理。

（三）访问控制安全管理

访问控制安全管理的目的是防止对信息和信息处理设施的未授权或越权访问。

主要内容包括建立主机、网络设备、安全设备以及应用系统等访问控制策略，明确用户账号标识，访问应用系统的申请程序及相应访问权限的分配，用户账号和口令的基本要求，规范设备入网准入流程及设备变更等流程。

（四）密码控制安全管理

密码控制安全管理的目的是使用密码技术保护信息的机密性、真实性和完整性。

主要内容包括根据业务要求和相关法律法规要求制定密码策略；保护密钥免遭泄密、修改、丢失和毁坏。对密钥的生成、使用、存储、分发、归档、销毁整个环节进行安全管理。

（五）物理环境安全管理

物理环境安全管理的目的是防止对场所和信息的非法访问、损坏和干扰，防止资产的丢失、损坏、失窃或危及资产安全以及组织活动的中断。

主要内容包括明确物理和环境安全责任部门职责，按照信息资产重要度、业务类型、物理或逻辑区域和组织结构等进行安全区域的划分，对不同的安全区域制定相应的安全管理规定。

（六）操作安全管理

操作安全管理的目的是明确信息处理设施的操作流程和相关

职责，减少系统的安全风险，确保正确、规范地使用信息资产。

主要内容包括针对通信和操作设备相关的活动制定流程和规范，如安全日志管理、防病毒管理、移动介质安全管理、终端安全管理、应用系统安全测试规范等。

（七）通信安全管理

通信安全管理的目的是确保网络中信息的安全性并保护支持性的信息处理设施，维护组织与任何外部实体的信息传输安全。

主要内容包括对网络活动采取日志记录和监视措施，明确所提供的网络服务的安全特性、服务级别和管理要求，确保网络服务的安全性。

（八）信息系统获取开发管理

信息系统获取开发管理的目的是保障信息系统在获取和开发过程中的信息安全，确保在整个信息系统生命周期中的信息安全设计与实施，确保测试数据的安全。

主要内容包括明确信息系统安全需求分析，在购买产品之前须考虑引入的风险和相关控制措施，信息系统上线须提供可行性设计方案等。

（九）供应关系管理

供应关系管理的目的是明确第三方人员在实施服务活动时必须遵守的信息安全要求。

主要内容包括对外包人员进行必要的背景审查，与外包人员签订保密协议等。

（十）信息安全事件管理

信息安全事件管理的目的是规范信息安全事件的报告、处置、责任追溯、回顾和改进机制，明确信息安全事件的管理职责和流程，将信息安全事件造成的损害降到最低。

主要内容包括对信息安全事件分类分级，按照信息安全事件的危害程度、影响范围和造成的损失，从高到低将信息安全事件分为特别重大事件（Ⅰ级）、重大事件（Ⅱ级）、较大事件（Ⅲ级）和一般事件（Ⅳ级）四个等级。制定信息安全事件处理流程，进行事件定性及责任认定。

（十一）信息安全业务连续性管理

信息安全业务连续性管理的目的是将信息安全的连续性嵌入业务连续性管理，以确保信息处理设施的可用性。

主要内容包括制定业务连续性管理目标，对业务影响性进行分析，评估灾难带来的损失。制定业务连续性风险处理策略，定期开展应急演练，明确灾难恢复流程和措施。

（十二）信息安全符合性管理

信息安全符合性管理的目的是保障信息安全管理按照已经制定的信息安全制度和策略正常运行。

主要内容包括提出信息安全合规管理的要求，明确信息安全年度审查的内容，如信息安全控制目标、控制措施、信息安全策略以及信息安全审查的范围等等。

（十三）信息安全风险管理

信息安全风险管理的目的是通过制定一个科学、合理的风险管理方法，对信息资产进行风险评估和风险处置，将信息资产的安全风险控制在可接受的水平，为信息安全管理提供依据。主要内容包括建立风险评估的模型，根据威胁及威胁利用脆弱性的难易程度判断安全事件发生的可能性；根据脆弱性的严重程度及安全事件所作用的资产的价值计算安全事件的损失。建立风险评估的实施流程，提出风险管理的要求。

四、应用案例

根据网络安全管理范畴，结合各单位实际情况，进行网络安全管理制度建设。某单位为规范网络安全管理，制定网络安全管理相关制度如下（详见附件1）。

1. 互联网使用管理办法

指定互联网管理工作的责任部门，明确互联网的网络管理及维护保障工作，具体内容包括网站发布信息的审核、舆论导向的指引、登记备案、规范移动存储介质的使用及有关法律法规的宣传教育。

2. 内网安全管理制度

明确内网的使用范围，一般覆盖党政内网处理的所有事务和应用系统，包含但不仅限于：公文交换、公务员之窗、组织人事管理、内网门户发布、内部考勤、党员干部远程教育等。内网安全制度内容涉及网络管理、终端管理、用户管理、介质管理和安全事件报告等。

3. 信息安全事件管理办法

对信息安全事件进行分类，并根据信息安全事件造成的后果及影响的严重程度进行分级，规范安全事件的处置流程及安全事件报告程序。

4. 信息系统信息发布制度

明确信息系统信息发布的原则，建立信息发布流程，建立信息发布登记制度，促进信息系统信息发布、审核工作的规范化、制度化，保障信息系统发布信息的权威性、及时性、准确性、严肃性和安全性。

5. 机房安全管理制度

涉及机房日常维护及监控管理等内容。

6．网络安全管理制度

对网络系统架构、安全域划分、网络接入控制等网络系统安全管理及账号管理、病毒防治管理、网络事件报告和查处等方面进行规定。

7．信息系统运行维护管理制度

对业务系统的运行维护、业务数据的备份和恢复、口令安全和权限设置、恶意代码防范以及系统补丁等进行规范与管理。

8．信息系统用户管理制度

根据信息系统岗位配置原则，设置安全管理员、系统管理员、网络管理员、机房管理员、安全审计员等岗位职责，对人员录用及调（离）岗、用户权限审批管理及安全培训教育管理。

9．信息资产和设备管理制度

对硬件、软件、电子数据、纸质文档、人员及相关服务设施等信息资产的获取、分类、使用和处置进行管理。

10．信息系统安全审计管理制度

明确信息系统安全审计的目的、范围、准则、时间及审计人员的工作职责，包括制定审计计划，规范具体的审计实施过程等内容。

11．数据存储介质管理制度

对服务器/台式电脑/笔记本电脑的硬盘、移动硬盘、U 盘、用于备份数据的磁带、CD/DVD 碟片等存储介质的使用、存放、维修及报废等进行管理。

第二章　网络安全检查

在政府部门信息化建设初期，由于建设经验不足，存在重建设、重应用、轻安全的问题，在建设过程中没有做到三同步，致使部分政府部门信息系统缺乏必要的安全防护措施。同时，网络安全制度不健全、落实不到位、网络安全意识薄弱等问题层出不穷，因此，需要定期开展网络安全检查，掌握网络安全总体状况，发现存在的主要问题和薄弱环节，进一步健全网络安全管理制度，完善网络安全技术措施，提高网络安全防护能力。

一、工作流程

安全检查工作通常包括检查工作部署、信息系统基本情况梳理、日常工作情况检查、安全技术检测、检查总结整改等五个环节，如下图所示。

工作流程	主要工作内容

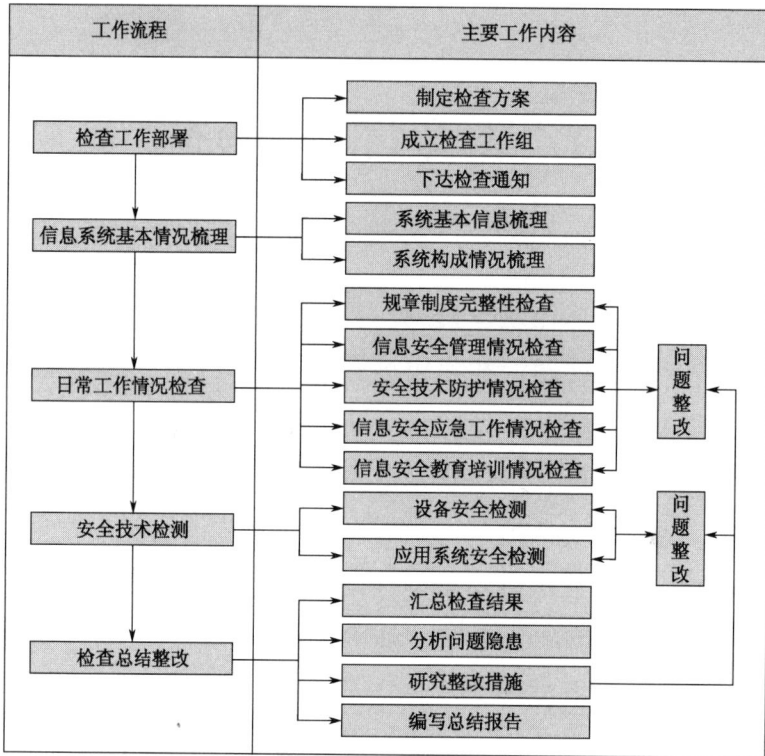

图 2-1 网络安全检查工作流程图

二、主要环节

（一）检查工作部署

检查工作部署通常包括制定检查方案、成立检查工作组、下达检查通知等。

1．制定检查方案

网络安全管理部门应根据中央网络安全和信息化领导小组办公室关于年度网络安全检查工作的统一安排，结合工作实际，制定检查方案，并报本单位网络安全主管领导批准。

检查方案应当明确七方面内容：检查工作负责人、组织机构和具体实施机构；检查范围和检查重点；检查内容；检查工作组织开展方式；检查工作时间进度安排；有关工作要求。

（1）关于检查范围。检查的范围通常包括本单位各内设机构，以及为本单位信息系统（包括办公系统、业务系统、网站系统等）提供运行维护支撑服务的下属单位。可根据本单位网络安全保障工作需要，将其他为本单位信息系统提供运维服务、对本单位信息系统安全可能产生重大影响的相关单位纳入检查范围。

（2）关于检查重点。在对各类信息系统进行全面检查的基础上，应突出重点，对事关国家安全和社会稳定，对地区、部门或行业正常生产生活具有较大影响的重要信息系统进行重点检查。

（3）关于重要信息系统，可根据本单位实际，参考七方面标准进行判定：关系国家安全和社会稳定；业务依赖度高；数据集中度高（全国或省级数据集中）；业务连续性要求高；系统关联性强（发生重大信息安全事件后，会对与其相连的其他系统造成较大影响，并产生连片连锁反应）；面向社会公众提供服务，用户数量大，覆盖范围广；灾备等级高（系统级灾备）。

2．成立检查工作组

本单位网络安全管理部门制定完成检查方案后，应及时成立检查工作组，组织开展培训，保证工作组成员熟悉检查方案，掌握检查内容、检查工具使用方法等。工作组成员通常由网络安全管理及运维部门、信息化部门有关人员，相关业务部门中熟悉业务、具备信息安全知识的人员，以及本单位相关技术支撑机构的业务骨干等组成。

3．下达检查通知

本单位网络安全管理部门应以书面形式部署网络安全检查工作，明确检查时间、检查范围、检查内容、工作要求等具体事项。

（二）信息系统基本情况梳理

对信息系统进行全面梳理，目的是及时掌握本单位信息系统基本情况，特别是变更情况，以便针对性地开展网络安全管理和防护工作。

1．基本信息梳理

查验信息系统规划设计方案、安全防护规划设计方案、网络拓扑图等相关文档，访谈信息系统管理人员与工作人员，了解掌握系统基本信息（表 2-1 所示），主要包括以下三方面的具体内容。

（1）信息系统的主要功能、硬件环境部署位置、网络拓扑结构、服务对象、用户规模、业务周期、运行高峰期等；

（2）业务主管部门、运维机构、系统开发商和集成商、上线运行及系统升级日期等；

（3）定级情况、数据集中情况、灾备情况等。

表 2-1　系统基本信息梳理记录表（每个系统一张表）

编号	
系统名称	
主要功能	
部署位置	
网络拓扑结构	
服务对象	
用户规模	
业务周期	
业务主管部门	
运维机构	
系统开发商	
系统集成商	
上线运行及最近一次系统升级时间	
定级情况	
数据集中情况	
灾备情况	

2. 系统构成情况梳理

重点梳理主要硬件和软件设备类型、数量、生产商（品牌）情况。其中硬件设备类型主要有服务器、路由器、交换机、防火墙、终端计算机、磁盘阵列、磁带库及其他主要安全设备；软件类型主要有操作系统、数据库、公文处理软件及主要业务应用系统，需要记录的具体情况表格如表 2-2、2-3 所示。

表 2-2 信息系统主要硬件构成梳理记录表

检查项	检查结果								
服务器	品牌								
	数量								
	其他： 1. 品牌_____，数量_____ 2. 品牌_____，数量_____ （如有更多，可另列表）								
路由器	品牌								
	数量								
	其他： 1. 品牌_____，数量_____ 2. 品牌_____，数量_____ （如有更多，可另列表）								
交换机	品牌								
	数量								
	其他： 1. 品牌_____，数量_____ 2. 品牌_____，数量_____ （如有更多，可另列表）								
防火墙	1. 品牌_____，数量_____ 2. 品牌_____，数量_____ （如有更多，可另列表）								
终端计算机 （含笔记本）	品牌								
	数量								
	其他： 1. 品牌_____，数量_____ 2. 品牌_____，数量_____ （如有更多，可另列表）								

表 2-3　信息系统主要软件构成梳理记录表

检查项	检查结果						
操作系统	品牌						
	数量						
	其他： 1. 品牌_____，数量_____ 2. 品牌_____，数量_____ （如有更多，可另列表）						
数据库	品牌						
	数量						
	其他： 1. 品牌_____，数量_____ 2. 品牌_____，数量_____ （如有更多，可另列表）						
公文处理软件	品牌						
	数量						
其　他	1. 设备类型：_____，品牌_____，数量_____ 2. 设备类型：_____，品牌_____，数量_____ （如有更多，可另列表）						

（三）日常工作情况检查

网络安全日常工作情况检查通常包括规章制度完整性、网络安全管理、安全技术防护、信息安全应急、网络安全教育培训等方面情况的检查。

1．规章制度完整性检查

调阅网络安全管理相关制度文档，检查管理制度体系是否健全，即是否涵盖人员管理、资产管理、采购管理、外包管理、应急管理、教育培训等方面。另一方面表现在检查管理制度是否以正式文件等形式发布。

2．网络安全管理情况检查

网络安全管理情况检查一定程度上是对管理制度贯彻执行程度的考核，它包含了组织管理情况检查、人员管理情况检查、资产管理情况检查、采购管理情况检查、外包服务管理情况检查、经费保障情况检查等六方面内容。

（1）组织管理情况检查

1）查验领导分工等文件，检查是否明确了网络安全主管领导；查验网络安全相关工作批示、会议记录等，了解主管领导履职情况；

2）查验本单位各内设机构职责分工等文件，检查是否指定了网络安全管理机构；查验工作计划、工作方案、规章制度、监督检查记录、教育培训记录等文档，了解管理机构履职情况；

3）查验网络安全员列表，检查是否每个内设机构都指定了专职或兼职网络安全员；访谈网络安全员，检查其网络安全意识和网络安全知识、技能掌握情况；查验工作计划、工作报告等相关文档，检查网络安全员日常工作开展情况。

表 2-4　组织管理检查结果记录表

网络安全 主管领导	1. 姓名：_____ 2. 职务：_____（本单位正职/副职领导） 3. 本年度对网络安全工作进行过批示：□是□否，批示次数：_____ 4. 本年度主持召开过网络安全专题会议：□是□否，会议次数：_____
网络安全 管理机构	1. 名称：_____（如办公厅） 2. 负责人：_____　职务：_____ 3. 联系人：_____　电话：_____
网络安全专职 工作处室	1. 名称：_____（如信息中心网络安全处） 2. 负责人：_____　电话：_____
网络安全员	1. 内设机构数量：_____ 2. 网络安全员数量：_____

（2）人员管理情况检查

1）查验岗位信息安全责任制度文件，检查系统管理员、网络管理员、网络安全员、一般工作人员等不同岗位的信息安全责任是否明确；检查重点岗位人员信息安全与保密协议签订情况；访谈部分重点岗位人员，抽查对信息安全责任的了解程度；

2）查验人员离岗离职管理制度文件，检查是否有终止系统访问权限、收回软硬件设备、收回身份证件和门禁卡等要求；检查离岗离职人员安全保密承诺书签署情况；查验信息系统账户，检查离岗离职人员账户访问权限是否已被终止；

3）查验外部人员访问机房等重要区域的审批制度文件，检查是否有访问审批、人员陪同等要求；查验访问审批记录、访问活动记录，检查记录是否清晰、完整；

4）查验安全事件记录及安全事件责任查处等文档，检查是否发生过因违反制度规定造成的信息安全事件、是否对信息安全事件责任人进行了处置。

表 2-5　人员管理检查结果记录表

人员管理	1. 岗位网络安全责任制度：□已建立　□未建立
	2. 重点岗位人员信息安全与保密协议： □全部签订　□部分签订　□均未签订
	3. 人员离岗离职安全管理规定：□已制定　□未制定
	4. 离岗离职安全管理措施（可多选）： □终止系统访问权限 □收回软硬件设备 □收回身份证件和门禁卡 □签署离岗离职安全承诺书
	5. 离岗离职安全保密承诺书： □全部签订　□部分签订　□均未签订
	6. 外部人员访问机房等重要区域审批制度： □已建立　□未建立
	7. 外部人员访问机房等重要区域记录： □完整　□不完整
	8. 本年度信息安全事故发生及处置情况： □发生过 □已做处置，其中：信息安全责任事故当事人和有关责任人_____人，已处理_____人，其中：通报批评_____人，警告_____人，记过及以上_____人 □未做处置 □未发生过

（3）资产管理情况检查

1）查验资产管理制度文档，检查资产管理制度是否建立；

2）查验设备管理员任命及岗位分工等文件，检查是否明确专
人负责资产管理；访谈设备管理员，检查其对资产管理制度和日常
工作任务的了解程度；

3）查验资产台账，检查台账是否完整（包括设备编号、设备
状态、责任人等信息）；查验领用记录，检查是否做到统一编号、统
一标识、统一发放；

4）随机抽取资产台账中的部分设备登记信息，查验是否有对
应的实物；随机抽取一定数量的实物，查验其是否纳入资产台账，
同台账是否相符；

5）查验相关制度文档和记录，检查设备维修维护和报废管理
制度建立及落实情况。

表 2-6　资产管理检查结果记录表

资产管理	1．资产管理制度：□已建立　□未建立
	2．资产管理人员：＿＿＿＿＿人，姓名：＿＿＿＿＿
	3．账物相符程度（抽查结果）：
	□完全相符　　□大部分相符　　□严重不符
	4．资产管理方式：
	□统一编号、统一发放
	□各内设机构分别管理
	□其他
	5．设备维修维护和报废管理：
	□已建立管理制度，且维修维护和报废信息（时间、地点、内容、责任人等）记录完整
	□已建立管理制度，但维修维护和报废记录不完整
	□尚未建立管理制度

（4）采购管理情况检查

1）随机抽取信息安全产品，检查该产品是否有国家统一认证的证明材料。

2）对比资产台账及采购清单，检查台账中是否有捐赠的信息技术产品；对于使用中的受赠信息技术产品，检查是否有安全测评报告以及与捐赠方签订的信息安全与保密协议；

3）查验开发、集成、运维等信息安全服务合同，检查是否有非国内厂商提供信息安全服务情况，若有，进一步检查厂商名称及其提供的服务内容；确认未采购社会第三方认证机构提供的信息安全管理体系认证服务；

4）查验数据中心和灾备中心建设规划文档，检查是否设立在境外。

表 2-7　采购管理检查结果记录表

信息安全产品	1. 信息安全产品认证情况： □全部通过认证　　□部分通过认证 未通过认证的安全产品品牌及型号：_____
接受捐赠的 信息技术产品	□无□有 1. 受赠产品品牌及型号：_____ 2. 使用前安全评估：□经过测评　□未经测评 3. 信息安全与保密协议（与捐赠方）： 　　□全部签订　□部分签订　□均未签订
数据中心与 灾备中心	1. 数据中心数量：_____个 2. 灾备中心数量：_____个 3. 境外设立数据中心和灾备中心情况： 　　□无　　□有，境外设立位置：_____

（5）外包服务管理情况检查

1）查验相关文档，检查是否有外包服务安全管理制度；

2）查验信息技术外包服务合同及信息安全与保密协议，检查信息安全责任是否清晰；

3）查验外包人员现场服务记录，查验记录是否完整（包括服务时间、服务人员、陪同人员、工作内容等信息）；

4）访谈系统管理员和工作人员，查验安全测评报告，检查外包开发的系统、软件上线前是否进行过信息安全测评及其方式；

5）查验外包服务合同及技术方案等文档，检查是否存在远程在线运维服务；如确需采用远程在线服务的，检查是否对安全风险进行了充分评估并采取了书面审批、访问控制、在线监测、日志审计等安全防护措施。

表2-8　外包服务管理检查结果记录表

外包服务管理	1. 外包服务安全管理制度：□已制定　□未制定 2. 信息技术外包服务合同及信息安全与保密协议： 　　□全部签订　□部分签订　□均未签订 3. 现场服务记录： 　　□有详细服务记录　□仅有现场进出记录 　　□无记录 4. 外包开发系统、软件上线应用前安全测评情况： 　　□均经测评　□部分经测评　□均未测评 5. 信息系统运维安全管理： 　　□无外包服务 　　□外包服务商现场运维 　　□外包服务商远程运维 远程运维风险控制措施：□有　　□无

表 2-9 外包服务机构检查结果记录表（每个机构一张表）

外包服务机构	机构名称	
	机构性质	□国有单位　□民营企业　□外资企业
	服务内容	
	信息安全与保密协议	□已签订　□未签订
	信息安全管理体系认证情况	□已通过认证，认证机构：_____ □未通过认证

（6）经费保障情况检查

1）会同本单位财务部门人员，查验上一年度和本年度预算文件，检查年度预算中是否有网络安全相关费用；

2）查验相关财务文档和经费使用账目，检查上一年度网络安全经费实际投入情况、网络安全经费是否专款专用。

表 2-10 经费保障检查结果记录表

经费保障	1. 网络安全预算范围（可多选）： 　□网络安全防护设施建设费用　□运行维护费用 　□日常网络安全管理费用　□教育培训费用 　□应急处置费用　□检查评估（含风险评估、等级测评等）费用 　□无相关预算 2. 上一年度网络安全经费预算额：_____万元 3. 上一年度网络安全经费实际投入额：_____万元 4. 本年度网络安全经费预算额：_____万元

3. 安全技术防护情况检查

安全技术防护情况检查包括物理环境安全情况检查、网络边界安全防护情况检查、关键设备安全防护情况检查、应用系统安全防护情况检查、终端计算机安全防护情况检查、存储介质安全防护情况检查和重要数据安全防护情况检查等。

（1）物理环境安全情况检查

物理环境安全应符合《GB 9361-1988 计算机场地安全要求》中B类机房要求，其它检查具体流程如下。

1）查验机房设计、改造、施工等相关文档，检查机房防盗窃、防破坏、防雷击、防火、防水、防潮、防静电等措施，并进行核查；现场检查机房备用电源、温湿度控制、电磁防护等安全防护设施；

2）现场检查机房等物理访问控制措施，确认配备门禁系统或有专人值守。

（2）网络边界安全防护情况检查

1）查验网络拓扑图，检查重要设备连接情况，现场核查内部办公系统等非涉密系统的交换机、路由器等网络设备，确认以上设备的光纤、网线等物理线路没有与互联网及其他公共信息网络直接连接，有相应的安全隔离措施；

2）查验网络拓扑图，检查接入互联网情况，统计网络外联的出口个数，检查每个出口是否均有相应的安全防护措施（互联网接入口指内部网络与公共互联网边界处的接口，如联通、电信等提供的互联网接口，不包括内部网络与其他非公共网络连接的接口）；

3）查验网络拓扑图，检查是否在网络边界部署了访问控制（如

防火墙)、入侵检测、安全审计以及非法外联检测、病毒防护等必要的安全设备;

4)分析网络拓扑图,检查网络隔离设备部署、交换机 VLAN 划分情况,检查网络是否按重要程度划分了安全区域,并确认不同区域间采用了正确的隔离措施;

5)查验网络日志(重点是互联网访问日志)及其分析报告,检查日志分析周期、日志保存方式和保存时限等。

表 2-11　网络边界安全防护检查结果记录表

互联网接入情况	互联网接入口总数:＿＿＿＿＿＿＿个,其中: □联通　接入口数量:＿＿＿＿＿＿个　接入带宽:＿＿＿＿＿＿兆 □电信　接入口数量:＿＿＿＿＿＿个　接入带宽:＿＿＿＿＿＿兆 □其他:＿＿＿＿＿＿接入口数量:＿＿＿＿＿＿接入带宽:＿＿＿＿＿＿兆
网络隔离	1. 非涉密信息系统与互联网及其他公共信息网络隔离情况: □物理隔离　□逻辑隔离　□无隔离 2. 涉密信息系统与互联网及其他公共信息网络隔离情况: □物理隔离　□逻辑隔离　□无隔离
网络边界防护措施	1. 网络边界防护措施: □访问控制　□安全审计　□边界完整性检查 □入侵防范　□恶意代码防范　□无措施 2. 网络访问日志:□留存日志　　□未留存日志

(3)关键设备安全防护情况检查

对承担网络与信息系统运行的关键设备,包括服务器、网络设备、安全设备等的安全防护情况进行检查,保证安全策略配置及防护的有效性。

1）登录恶意代码防护设备（如防病毒网关），检查恶意代码库更新情况；

2）登录服务器（应用系统服务器、数据库服务器），检查口令策略配置情况，包括口令强度和更新频率；检查安全审计策略配置情况，包括审计功能是否启用、操作记录是否留存、日志是否定期分析、是否对异常访问和操作及时进行处置；检查病毒防护情况，包括防病毒软件是否安装、病毒库是否及时更新；检查补丁更新情况，包括操作系统、数据库管理系统等的补丁是否及时更新；

3）登录网络设备、安全设备，检查口令策略配置情况，包括口令强度和更新频率；检查安全审计策略配置情况，包括审计功能是否启用、操作记录是否留存、日志是否定期分析、是否对异常访问和操作及时进行处置；

表 2-12　关键设备安全防护情况检查结果记录表

关键设备安全防护情况	1．恶意代码防护情况： □已配备防护设备（如防病毒网关） □定期更新恶意代码库 □未定期更新恶意代码库或从未更新 □未配备 2．服务器口令策略配置： 口令长度最低要求：_____位　口令更新频率：_____ 口令组成（可多选）：□字母　□数字　□特殊字符 3．服务器安全审计： □启用安全审计功能 □定期分析，分析周期：_____□不进行分析 □未启用安全审计功能

续表

关键设备 安全防护情况	4. 服务器补丁（操作系统和数据库管理系统补丁）更新情况： 　□及时更新　□更新，但不及时　□从未更新 5. 网络设备口令策略配置： 　口令长度最低要求：＿＿＿＿＿＿位　口令更新频率：＿＿＿＿＿ 　口令组成（可多选）：□字母　□数字　□特殊字符 6. 安全设备口令策略配置： 　口令长度最低要求：＿＿＿＿＿＿位　口令更新频率：＿＿＿＿＿ 　口令组成（可多选）：□字母　□数字　□特殊字符

（4）应用系统安全防护情况检查

1）查验信息系统定级报告，检查信息系统定级情况；

2）查验测评报告，检查风险评估、等级测评开展情况。

表 2-13　应用系统防护基本情况检查结果记录表

基本情况	1. 系统总数：＿＿＿＿＿＿个 2. 已定级系统＿＿＿＿＿＿个，其中： 第一级：＿＿＿＿＿＿个　第二级：＿＿＿＿＿＿个　第三级：＿＿＿＿＿＿个 第四级：＿＿＿＿＿＿个　第五级：＿＿＿＿＿＿个 3. 本年度经过风险评估、等级测评等的系统数：＿＿＿＿＿＿个

（5）门户网站安全防护情况检查

1）查验检测报告等相关文档，检查网站开通或新增应用时是否进行过安全测评；

2）查验相关记录，访谈网站管理员，检查是否定期对网站链接的安全性和有效性进行检查；采用技术工具进行扫描，检测网站链接的有效性；

3）查看防护设备部署情况，检查是否有网页防篡改、抗拒绝服务攻击等功能并进行必要的配置；

4）查验相关记录，检查网站信息发布时是否对内容进行核查、是否经过审批。

表 2-14 门户网站安全防护检查结果记录表

门户网站安全防护门户网站安全防护	1. 网页防篡改措施： □有，措施为：＿＿＿＿＿＿＿＿＿ □无 2. 网站抗拒绝服务攻击措施： □有，措施为：＿＿＿＿＿＿＿＿＿ □无 3. 网站内容管理措施： □建立审核制度（发布前内容核查、审批），且审核记录完整 □建立审核制度（发布前内容核查、审批），但审核记录不完整 □无审核记录或无制度要求

（6）电子邮件系统安全防护情况检查

1）查验设备部署或配置情况，检查电子邮件系统是否采取了反垃圾邮件技术措施；

2）查验电子邮件系统管理相关规定文档，检查是否有注册审批流程要求；查验服务器上邮箱账户列表，同本单位人员名单进行核对，检查是否有非本单位人员使用；

3）查看邮箱口令策略配置界面，检查电子邮件系统是否设置了口令策略，是否对口令强度和更改周期等进行要求。

表 2-15   电子邮件系统安全防护检查结果记录表

电子邮件系统安全防护	1. 反垃圾邮件等技术措施：□有 □无
	2. 邮箱注册：□注册邮箱账户须经审批 □随意注册使用
	3. 账户口令防护： □使用技术措施控制和管理口令强度 □无口令强度控制技术措施

（7）终端计算机安全防护情况检查

1）查看集中管理服务器，抽查终端计算机，检查是否部署了终端管理系统或采用了其他集中统一管理方式对终端计算机进行管理，包括统一软硬件安装、统一补丁升级、统一病毒防护、统一安全审计等；

2）查看终端计算机，检查是否安装有与工作无关的软件；

3）使用终端检查工具或采用人工方式，检查终端计算机是否配置了口令策略；

4）访谈网络管理员和工作人员，检查是否采取了实名接入认证、IP 地址与 MAC 地址绑定等措施对接入本单位网络的终端计算机进行控制；将未经授权的终端计算机接入网络，测试是否能够访问互联网，验证控制措施的有效性；

5）查验审计记录，检查是否对终端计算机进行了安全审计。

表 2-16   终端计算机安全防护检查结果记录表

| 终端计算机安全防护 | 1. 安全管理方式：
□集中统一管理（可多选）
□规范软硬件安装   □统一补丁升级   □统一病毒防护
□统一安全审计   □对移动存储介质接入实施控制
□分散管理 |

续表

终端计算机 安全防护	2. 账户口令策略： □所有终端计算机均配置 □部分终端计算机配置 □均未配置 3. 接入互联网安全控制措施： □有控制措施 控制措施为：□实名接入　□绑定计算机 IP 和 MAC 地址 其他：_____ □无控制措施 4. 终端计算机安全审计：□有审计　□无审计

（8）存储介质安全防护情况检查

1）访谈网络管理员，检查大容量存储介质是否存在远程维护，对于有远程维护的，进一步检查是否有相应的安全风险控制措施；查看光纤、网线等物理线路连接情况，检查大容量存储介质是否在无防护措施情况下与互联网及其他公共信息网络直接连接；

2）查验相关记录，检查是否对移动存储介质进行统一管理，包括统一领用、交回、维修、报废、销毁等；

3）查看服务器和办公终端计算机上的杀毒软件，检查是否开启了移动存储介质接入自动查杀功能；

4）查看设备台账或实物，检查是否配备了电子信息消除和销毁设备。

表 2-17　存储介质安全防护检查结果记录表

存储介质安全防护	1. 存储阵列、磁带库等大容量存储介质安全防护： 　□不外联 　□外联，但采取了技术防范措施控制风险 　□外联，无技术防范措施 2. 移动存储介质管理方式：□集中统一管理　□未采取集中管理方式 3. 移动存储介质接入本单位系统前：□查杀病毒木马　□直接接入 4. 电子信息保护： 　□已配备信息消除或销毁设备　□未配备信息消除或销毁设备

（9）重要数据安全防护情况检查

1）登录数据存储设备、数据库管理系统，检查是否对重要数据进行了分区分域存储，或者进行加密存储；

2）查验存储设备是否配置了数据传输加密和校验的功能。

表 2-18　重要数据安全防护检查结果记录表

重要数据安全防护情况	1. 存储安全防护： 　□加密存储　□分区分域存储　□无防护措施 2. 传输安全防护： 　□加密传输　□数据校验　□无防护措施

4. 信息安全应急管理工作情况检查

信息安全应急管理工作情况检查包括应急预案制定、应急演练、应急处置、应急支撑队伍建设等情况的检查。

（1）查验预案文本、评估记录等，检查应急预案制定和年度评估修订情况；

（2）查验宣贯材料和培训记录，检查是否开展过预案宣贯培训；

访谈系统管理员、网络管理员和工作人员，检查其对应急预案的熟悉程度；

（3）查验演练计划、方案、记录、总结等文档，检查本年度是否开展了应急演练；

（4）查验事件处置记录，检查信息安全事件报告和通报机制建立情况，是否对所有信息安全事件都进行了处置；

（5）查验应急技术支援队伍合同及安全协议、参与应急技术演练及应急响应等工作的记录文件，确认应急技术支援队伍能够发挥有效的应急技术支撑作用；

（6）查验设备或采购协议，检查是否有信息安全应急保障物资或有供应渠道；

（7）查验备份数据和备份系统，检查是否对重要数据和业务系统进行了备份。

表 2-19　信息安全应急工作检查结果记录表

信息安全应急工作	1. 应急预案制修订情况： □已制定 　本年度评估修订情况：□评估并修订　□评估但未修订　□未评估 □未制定 2. 应急演练情况：□本年度已开展　□本年度未开展 3. 信息安全事件报告和通报情况： 　□一年内无重大信息安全事件 　□一年内有重大信息安全事件，均已处置并上报 　□一年内有未处置的重大信息安全事件 4. 应急支援队伍：□部门所属单位　□外部专业机构　□无

续表

信息安全应急工作	5. 备机备件等应急物资： □有现成物资　□无现成物资但已明确供应渠道　□无 6. 重要数据备份： □已备份，备份周期：□实时，□日，□周，□月，□不定期 □未备份 7. 重要信息系统备份： □已备份，备份周期：□实时，□日，□周，□月，□不定期 □未备份

5. 网络安全教育培训情况检查

网络安全教育培训情况检查包括教育培训宣传工作以及管理人员和工作人员信息安全基本防护技能掌握情况的检查。

（1）查验教育宣传计划、会议通知、宣传资料等文档，检查网络形势和警示教育、基本防护技能培训开展情况；

（2）访谈机关工作人员，检查网络安全基本防护技能掌握情况；

（3）查验培训通知、培训教材、结业证书等，检查网络安全管理和技术人员专业技能培训情况。

表2-20　网络安全教育培训检查结果记录表

网络安全教育培训	1. 本年度网络安全形势和警示教育、基本防护技能培训情况： ①次数：_____次 ②人数：_____人（占本单位总人数的比例：_____%） 2. 本年度网络安全管理和技术人员专业技能培训情况： ①人次：_____，②参加专业技能培训的人员比率：_____%

（四）安全技术检测

设备安全检测主要针对重要业务系统和门户网站系统的网络设备、服务器、终端计算机及安全设备进行检测。

1．网络设备及安全设备安全检测

（1）根据工作实际合理安排年度检测设备数量，每 1～3 年对所有网络设备及安全设备进行一次技术检测。重要业务系统和门户网站系统的网络设备及安全设备应作为检测重点。网络设备主要包括交换机、路由器等，安全设备主要包括访问控制设备（如防火墙）、入侵检测设备、安全审计产品、VPN、恶意代码防护设备、网页防篡改产品等。

（2）使用漏洞扫描等工具检测网络设备及安全设备端口、应用、服务及补丁更新情况，检测是否关闭了不必要的端口、应用、服务，是否存在安全漏洞。

表 2-21　网络设备及安全设备检测结果记录表

1．网络设备及安全设备抽查清单				
序号	设备名称/编号	部署位置	主管部门	运维单位
1				
...				

2. 存在高风险漏洞的网络设备及安全设备情况			
序号	设备名称/编号	主要漏洞列举	数量
1			
...			

2. 服务器安全检测

（1）可根据工作实际合理安排年度检测的服务器数量，每1～2年对所有服务器进行一次技术检测，重要业务系统和门户网站系统的服务器应作为检测重点；

（2）使用漏洞扫描等工具检测服务器操作系统、端口、应用、服务及补丁更新情况，检测是否关闭了不必要的端口、应用、服务，是否存在安全漏洞；

（3）使用病毒木马检测工具，检测服务器是否感染了病毒、木马等恶意代码。

表2-22　服务器安全检测结果记录表

1. 服务器抽查清单			
序号	服务器名称/编号	用途/承载的业务系统重要性（按等级）	主管部门	运维单位
1				
...				

续表

2．感染病毒木马等恶意代码的服务器情况			
序号	服务器名称/编号	病毒木马等恶意代码名称	数量
1			
2			
…			

3．存在高风险漏洞的服务器情况			
序号	服务器名称/编号	主要漏洞列举	数量
1			
…			

3．终端计算机安全检测

（1）可根据工作实际合理安排终端计算机的年度检测数量，每1～3年对所有终端计算机进行一次技术检测。抽取终端计算机时应依据使用者身份划分，合理选择不同级别、不同工作岗位人员的终端计算机；

（2）使用漏洞扫描等工具检测终端计算机操作系统漏洞情况以及补丁更新情况；

（3）使用病毒木马检测工具，检测终端计算机是否感染了病毒、木马等恶意代码；

（4）使用计算机违规检查和取证工具，检查是否使用非涉密计算机处理涉密信息，是否使用了涉密移动介质。

表 2-23　终端计算机安全检测结果记录表

1．终端计算机抽查清单				
序号	终端名称/编号	部门	使用人	使用人职级
1				
…				

2．感染病毒木马等恶意代码的终端计算机情况			
序号	终端名称/编号	病毒木马等恶意代码名称	数量
1			
…			

3．存在高风险漏洞的终端计算机情况			
序号	终端名称/编号	主要漏洞列举	数量
1			
…			

4．非涉密计算机处理涉密信息情况			
序号	终端名称/编号	数量	涉密文件名称
1			1._____ 2._____
…			

5．非涉密计算机使用涉密移动存储介质信息情况			
序号	终端名称/编号	数量	涉密移动存储介质编号
1			1._____ 2._____
…			

4．应用系统安全检测

应用系统安全检测主要针对业务系统、办公系统和网站系统等相关应用系统进行安全检测，对重要业务系统、门户网站至少每年进行一次检测。

（1）应对业务系统、办公系统和网站系统等相关应用系统进行安全检测，重要业务系统、门户网站至少每年进行一次检测，其他系统每1～2年进行一次检测；

（2）使用漏洞扫描等工具测试重要业务系统及网站，检测是否存在安全漏洞；

（3）开展渗透测试，检查是否可以获取应用系统权限，验证网站是否可以被挂马、篡改页面、获取敏感信息等，检查系统是否被入侵过（存在入侵痕迹）等。

表 2-24　应用系统安全检测结果记录表

1．应用系统抽查清单				
序号	系统名称	域名或 IP	主管部门	运维单位
1				
...				
2．存在高、中风险漏洞的应用系统情况				
序号	系统名称	高、中风险漏洞列举/级别		数量
1				

...			

3．存在入侵痕迹的应用系统情况			
序号	系统名称	入侵痕迹列举	数量
1			
...			

（五）检查总结整改

1．汇总检查结果

检查实施完成后，检查工作组应对检查结果进行梳理、汇总，从安全管理、技术防护等方面对检查发现的问题和隐患进行分类整理。

2．分析问题隐患

检查工作组应对检查发现的问题和隐患逐项进行研究，深入分析产生的原因。结合年度信息安全形势，对本单位面临的信息安全威胁和风险程度、信息系统抵御网络攻击的能力进行评估。

3．研究整改措施

检查工作组研究提出针对性的改进措施建议。本单位网络安全管理部门根据检查工作组的建议，组织相关单位和人员进行整改，对于不能及时整改的，要制定整改计划和时间表，整改完成后应及时进行再评估。

4. 编写总结报告

本单位网络安全管理部门应组织检查工作组对检查工作进行全面总结，编写检查报告，填写检查结果统计表及网络安全管理工作自评估表，并按要求及时报送国家或同级信息安全主管部门。

第三章　网络安全宣传教育培训

为了及时应对新形势下的网络安全问题，政府部门应加大网络安全宣传的力度，建立网络安全教育培训机制，丰富网络安全教育培训内容，探索网络安全宣传教育培训新模式，以提高全民网络安全意识，提升网络安全保障能力和水平。

一、宣传教育方式

（一）活动周

通过技术产品展示、专家访谈、公益广告、网络安全论坛、行业讲堂等多种形式，发动各行业主管单位积极性，调动各安全企业能动性，推动全民参与，利用电视、网络、平面媒体等多种媒介，全方位宣传网络安全保障的重要性与实际应用的必要性。

1. 大讲堂

利用名师大讲堂的方式，定期开设全民大讲堂，邀请网络安全领域专家、学者以及网络安全行业权威人士对各级机关公务员、社会团体、民众等进行普适性网络安全教育专题培训。

2．论坛

以开设论坛的方式，在各类讲堂、报告厅等地点邀请网络安全领域嘉宾和观众进行网络安全领域专题互动式论坛探讨。

3．体验式学习

组织各级机关单位、院校、行业有关的网络安全人员进行实地参观，如科研院所、信息安全企业、信息技术公司等，了解信息安全技术和产品，以达到学习网络安全知识和提高网络安全意识的目的。

4．会议会展

组织召开或承办国内外网络安全会议，选派各级单位优秀网络安全管理人员和技术人员等参加国内外网络安全重大会议，鼓励相关人员参与到网络安全重要会议的专业文章写作、学术论文发表以及新技术新产品展览展示的各类信息安全产业活动当中。

5．媒体宣传

（1）电视媒体报道

利用各级电视台具有影响力的节目进行广而告之式的宣传，例如利用中央电视台某晚间整点新闻节目进行网络安全教育方面的公益宣传、在各省级电视台新闻联播栏目中围绕网络安全热点问题进行专题报道、在各地方电视台播出网络安全教育专家访谈类节目，除此外还可以在各级电视台利用各种形式播出有关网络安全的公益宣传短片、栏目标语等。

（2）平面媒体

利用目前影响力较大的各类报刊、期刊杂志等平面媒体报道网络安全活动热点专题，通过传播网络安全常识来提高全民信息安全意识。制作活动周宣传单页，在省市各重点单位发放，并通过区县相关部门发放至所辖乡镇、街道和居委会，组织市民参观展览，并参与活动周其他活动。

（3）新媒体

通过开设活动周网上专栏、在各重点单位其门户网站首页放置活动周浮动窗口的形式，让公众及时了解活动周有关安排、活动进展和信息安全常识。利用各地运营商官方短信服务定期群发信息安全教育短信，利用微博、微信等各类网络社交平台进行线上宣传。

（二）技能竞赛

由政府各部门、各省（区、市）地方、各行业的网络安全主管部门组织开展安全技能竞赛活动。定期开展技能竞赛，能够为网络安全从业人员和广大信息安全爱好者提供展示网络安全技能知识的舞台，能够进一步增强全社会网络安全意识并加强网络安全人才队伍建设，发现、选拔和培养网络安全管理和技术人才。

1. 参赛对象

参赛对象分为专业组、业余组和党政机关组。专业组主要是网络安全专业服务机构，业余组主要是高等院校在校学生和国内信息安全技术爱好者，党政机关组主要是各级党政机关信息安全员。

2．竞赛命题及标准

可根据国家和省相关行业、职业技术标准进行命题工作，主要包括如下规范：

GB/T 20269-2006 信息安全技术 信息系统安全管理要求

GB/T 20271-2006 信息安全技术 信息系统安全通用技术要求

GB/T 20984-2007 信息安全技术 信息安全风险评估规范

GB/Z 20986-2007 信息安全技术 信息安全事件分类分级指南

GB/T 24363-2007 信息安全技术 信息安全应急响应计划规范

GB/T 20988-2007 信息安全技术 信息系统灾难恢复规范

GB/T 22239-2008 信息安全技术 信息系统安全等级保护基本要求

GB/T 22240-2008 信息安全技术 信息系统安全保护等级定级指南

DB32/T 1927-2011 政府信息系统安全防护基本要求

竞赛题目分为理论和实际操作两部分，其中理论题目占 XX%，实际操作题目占 XX%。

3．竞赛规程

竞赛可分为初赛、决赛两轮。

（1）初赛

通过局域网答题方式，根据总分分别遴选出各组前 X 名代表队晋级决赛。

（2）决赛

采用情景模拟、过关、现场问答等方式分别举行各组决赛。其中，专业组、业余组将搭建真实信息系统及网络环境，由参赛代表队进行现场实际操作。党政机关组将通过现场问答方式进行比赛。

4．竞赛内容

某省信息安全技能竞赛决赛内容如下：

（1）专业组

操作部分（比赛时长为 8 小时）：采用现场信息安全应急处置及风险评估方式。各参赛团队分别对相同的一个真实信息系统（含安全设备、网络设备、服务器操作系统、数据库系统、应用系统、管理制度文档等）进行现场应急处置和风险评估。风险评估主要依据 GB/T 20984-2007《信息安全技术　信息安全风险评估规范》等标准进行。在现场应急处置完成后出具《信息系统安全应急处置报告》，并在现场提交裁判组；风险评估完成后出具《信息系统安全风险评估报告》。

汇报部分（每个参赛团队汇报时长为 20 分钟）：各参赛团队提交《信息系统安全风险评估报告》电子文档。根据抽签顺序，依次向评委和观众进行风险评估工作的报告和相关演示（需准备汇报

PPT 等汇报材料），接受评委提问。

（2）业余组

操作部分（比赛时长为 8 小时）：比赛系统中模拟了真实的企业信息网络环境，参赛选手实施现场攻防测试和安全检查；同时，比赛系统还设置独立操作题目，让参赛选手通过推理和演算或运用一些基本工具获得正确答案。

方案部分（比赛时长为 8 小时）：提出一个安全问题，让参赛选手针对该安全问题提出解决办法和基本思路。主办方将事先给出解决办法和思路文件的参考格式文档。

（3）党政机关组

现场问答（比赛时长为90分钟）：采用现场知识技能问答方式，比赛分为必答、抢答、风险答题 3 轮。

二、教育培训内容

网络安全教育培训主要包括网络安全管理和技术两个方面的内容。

（一）网络安全管理

网络安全管理领域的知识体系教育培训一般包含全球网络安全态势分析、我国网络安全总体形势解析、我国网络安全政策法规概述、信息安全标准、网络安全检查、信息安全风险管理、信息安全应急管理、信息安全灾备管理、信息安全管理方法等内容。

（二）网络安全技术

网络安全技术领域知识的教育培训主要应包括办公安全、网络安全防护技术、系统安全防护技术、应用安全防护技术、数据安全防护技术以及物理安全防护技术等知识模块。

第四章　网络安全应急管理

　　由于网络与信息系统日趋复杂，单一的以技术为主的解决方法已无能为力，应采取全面的技术保障、安全管理以及多方参与来共同应对大规模网络突发事件。网络与信息安全应急管理工作包含编制网络与信息安全应急预案、开展信息安全事件应急演练、信息安全事件应急处置、建立应急管理平台以及应急队伍建设等内容。

一、应急管理组织职责

　　网络与信息安全应急管理组织主要职责包括：

　　1．承担网络与信息安全应急指挥部值守应急工作，贯彻上级指挥部的指示和部署；

　　2．组织对信息安全事件进行研判、定级，汇总、上报网络与信息安全事件应对进展情况；

　　3．综合分析网络安全形势，提出具体的应急处置方案和措施建议；

　　4．组织制订、修订网络与信息安全突发事件相关的应急预案；

5. 负责组织协调网络与信息安全突发事件应急演练；

6. 负责应对网络与信息安全突发事件的宣传教育与培训；

7. 指导协调应急技术支撑队伍开展工作。

二、编制应急预案

依据国家网络与信息安全应急预案，制定本单位网络与信息安全事件相关应急预案，做好预案之间相关的衔接，报上级应急指挥部备案。预案原则上每年评估一次，根据实际情况适时修订。应急预案的主要内容包括：

1. 明确应急管理的组织机构和职责；

2. 对信息安全事件进行分级分类：

网络与信息安全事件分为有害程序事件、网络攻击事件、信息破坏事件、信息内容安全事件、设备设施故障和灾害性事件等。网络与信息安全事件分为四级：特别重大（Ⅰ级）、重大（Ⅱ级）、较大（Ⅲ级）、一般（Ⅳ级）。

3. 监测预警

建立网络与信息安全事件信息接收机制，对监测信息或是相关单位提供的预警信息进行研判，预警级别分为四级，从低到高表示为：蓝色预警、黄色预警、橙色预警和红色预警。对预警信息的不同级别分别部署不同的预警响应措施。

4. 应急响应

网络与信息安全事件发生后，事发单位立即启动相关应急预案，实施处置并及时报送信息。明确应急响应程序，建立应急指挥与协调机制，并部署调查评估、恢复重建和信息发布等后期处置措施。

5. 应急保障

明确有关部门和重点单位要按照职责分工和相关预案，落实对网络与信息安全事件的人力、物力、财力、通讯、科技等保障工作，保证应急救援工作和恢复重建工作的顺利进行。

6. 监督管理

　　明确网络与信息安全教育培训的相关工作，对各单位领导干部、管理人员进行培训，并对应急管理和基层处置人员作进行相应的技能培训。要求定期开展应急演练，组织重点单位参加，检验预案的可执行性。建立网络与信息安全事件应急处置工作的领导负责制和责任追究制。

三、开展应急演练

　　通过演练，发现应急工作体系和工作机制存在的问题，不断完善应急预案，提高应急处置能力。开展应急演练的基本步骤如下：

　　1. 设定演练目标

　　演练目标包括演练应急管理流程、演练技术处置流程以及人员培训等内容。

　　2. 确定演练内容

　　演练内容包括三个方面：一是演练的方式，是模拟演练、实战演练，还是桌面演练；二是演练的对象，即选择什么保障对象作为本次应急演练的对象，是基础网络、门户网站、内部办公自动化系统，还是某个业务系统；三是事件的类型和级别。

　　3. 确定参加范围

　　参加演练范围包括：一是机构范围，即是本单位内部人员参加的演练，还是包括上下级政府、其他单位共同参与的；二是人员角色范围，即需要应急角色中的决策人员、管理人员、技术人员的哪些角色参与。

4．制订演练方案

根据确定的演练目标、演练内容和参加范围，检查组织应急演练所需要的人员、经费、物资等资源需求，并制订应急演练的方案。应急演练方案主要由两个部分组成，一是演练的基本信息，如时间地点安排等，二是演练程序。演练方案参考模板如下：

表 4-1　演练方案参考模板

一、演练基本情况
1．演练科目名称：<演练科目名称>
2．参演人员
导演：<姓名>（<部门>，<职务>）
文档与后勤：<姓名>（<部门>，<职务>），……
操作执行：<姓名>（<部门>，<职务>），……
观摩：<姓名>（<部门>，<职务>），……
3．演练时间：<演练时间>
4．演练地点：<演练地点>
5．演练目标：<本次演练的目标>
6．相关系统：<本次演练涉及的系统>
7．演练结论摘要：<演练结论摘要>
二、演练脚本设计
场景 1：<场景 1 名称。如"办公台式机终端不能联网"。>
1．目的：<本场景的演练目的。如"考察对桌面 PC 保障的响应流程"。>
2．操作：<本场景的操作步骤。如①操作人员选定一台内网台式机；②定位所在楼层交换机端口；③从墙上拔出连接台式机的网线，开始计时；④在工位拨打技术支持热线报障。>
3．预想：<按照预定流程或预案应该做的操作。如①技术热线受理报障，记录故障情况；②应急指挥协调中心通知就近的桌面 PC 保障人员到现场；③保障人员现场，发现是网络故障；④保障人员联系相关技术人员，进入机房进行恢复，并报应急指挥协调中心。>
场景 2：<场景 2 名称。>

（1）目的：<本场景的演练目的。>

（2）操作：<本场景的操作步骤。>

（3）预想：<按照预定流程或预案应该做的操作。>……

三、演练环境设置

<参演的设备/系统部署图及简单描述。>

四、演练记录（演练过程中记录）

<跟踪和记录事件响应人的行动序列；观察记录所产生的现象和结果>

五、演练结论

<演练结论；发现的问题列表；改进措施（包括对系统的、对预案的，以及对资源部署的措施）>。

六、附件

1.《系统运营主要风险列表》包括风险源、可能引起的事件或故障等。

2.《系统突发事件列表》。包括系统运营中各种突发事件的级别、影响（技术影响和业务影响）、处置流程等。

3.《保障方案》

5．演练实施

演练的组织指挥人员依照应急演练方案对整个演练过程进行控制和管理，确保应急演练按照方案的规定运行，控制异常事件的发生，并最终确保达到演练目标；演练的主要参与者在应急演练的全过程中，按照指挥人员的指令依照应急预案的规定开展工作。

6．演练总结

应急演练完成后，应当及时对演练自身以及通过演练发现的问题进行总结和分析，提出改进的意见和建议措施。

四、应急响应处置

网络与信息安全事件应急处置是网络与信息安全应急响应工作的核心内容，针对不同的安全保障目标以及具体类别的网络与信息安全事件，应急处置的技术操作细节会有所不同，但从应急管理工作的角度来看，应急处置流程应至少包括事件确认、紧急处置、信息上报、技术处置、事件总结和信息披露等几个方面。网络与信息安全事件应急处置流程参考如下：

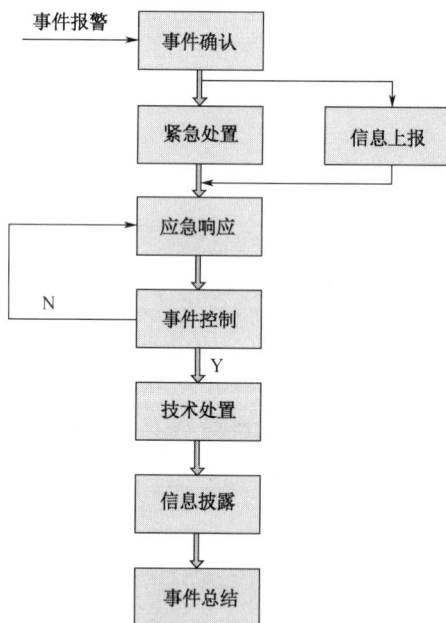

图 4-2　网络与信息安全应急处置流程

某单位应急处置的具体流程和做法如下所示：

1．网络与信息安全事件接报

事件接报时应了解事发单位名称、联系人、地址、事件现象、事件类型初步判定等信息。接到事件报告后在预案规定时间内报告带班领导和应急工作部负责人。

2．组建应急处置小组

根据事件类型和需求，需要现场支援时，带班领导和应急工作部门负责组建外围处置小组协助现场处置小组共同参与现场处置；对于不需要进行现场处置的安全事件，由带班领导指定应急处置小组协助事发单位开展处置分析。

3．现场数据采集与取证

现场应急处置小组抵达事发单位现场后，应迅速查看事发计算机上的进程状态和连接状态，及时提取网络设备和安全设备日志，以及受影响系统数据等信息供调查追踪使用。需要取证存留的，应利用截屏、照相、磁盘复制、应用取证等手段进行现场取证。

4．事件调查及开展应急处置

现场应急处置小组按专业分工开展攻击追踪、日志分析、数据分析、设备状态查看、设备配置核查等事件调查工作。根据调查结果，与事发单位共同判定事件类型、影响、损失并会商处置方案。事发单位决策选定事件处置方案，由现场应急处置小组协助事发单位开展处置工作。事件调查及系统恢复过程中，现场应急处置小组应将阶段性进展和重大处置决策报告带班领导、应急工作部负责人及应急指挥部办公室相关领导。

5．总结报告并及时恢复重建

现场应急处置小组将应急技术处置有关情况整理并编写应急技术报告。应急处置组对事发单位处置情况持续跟踪，避免同类型安全事件反复出现。在应急处置工作结束后，要迅速采取措施，抓紧组织抢修受损的基础设施，减少损失，尽快恢复正常工作。统计各种数据，查明原因，对事件造成的损失和影响以及恢复重建能力进行分析评估，认真制定恢复重建计划，并迅速组织实施。有关部门要提供必要的人员和技术、物资和装备以及资金等支持。

五、建立应急管理支撑平台

建立应急管理支撑平台，及时获知系统面临的安全威胁，在第一时间掌握安全风险态势信息，涵盖事前预警、事中监控、事后处置的业务管理流程，实现事件信息的采集、传输、存储、处理、分析、预案确定及启动全过程的信息化、自动化和网络化；实现信息报告和应急响应协调工作与应急指挥同步协调，使得事件应急处置的决策、应急预案和应急资源能够统一协调，提高风险隐患发现、监测预警和突发事件处置能力。

六、建设应急支撑队伍

选择若干经国家有关部门认可的，管理规范、服务能力较强的企业作为网络与信息安全的应急支援单位。组织信息安全社会资源，建设一支政治素质高、专业覆盖面广、技术力量强的政务信息安全应急力量，为网络与信息安全突发事件的应急处置工作提供坚强、可靠的技术保障。

第二部分　网络安全技术防护工作

第五章　互联网安全接入

不少政府部门存在互联网接入口数量多、管理制度不健全、防护措施不到位和涉密信息违规处理等问题,网络安全隐患十分突出。应积极推进互联网安全接入工作,缩减互联网接入口,加强互联网安全接入技术防护,强化互联网安全接入口管理,提高政府部门网络安全保障能力和水平。

一、整体框架

以政府部门为对象,互联网安全接入整体框架如下图所示,主要包括政府部门网络、互联网安全接入口、互联网接入服务商网络以及互联网等四部分。

1．政府部门网络包括各政府部门内部机构的上网终端、联网信息系统及构成网络的相关网络设施。

2．互联网安全接入口是与互联网连接的政府部门网络与互联网实现网络接入、提供安全防护、进行安全管理、流量汇聚的系统,由网络接入、安全防护、安全管理及流量汇聚等功能模块构成。

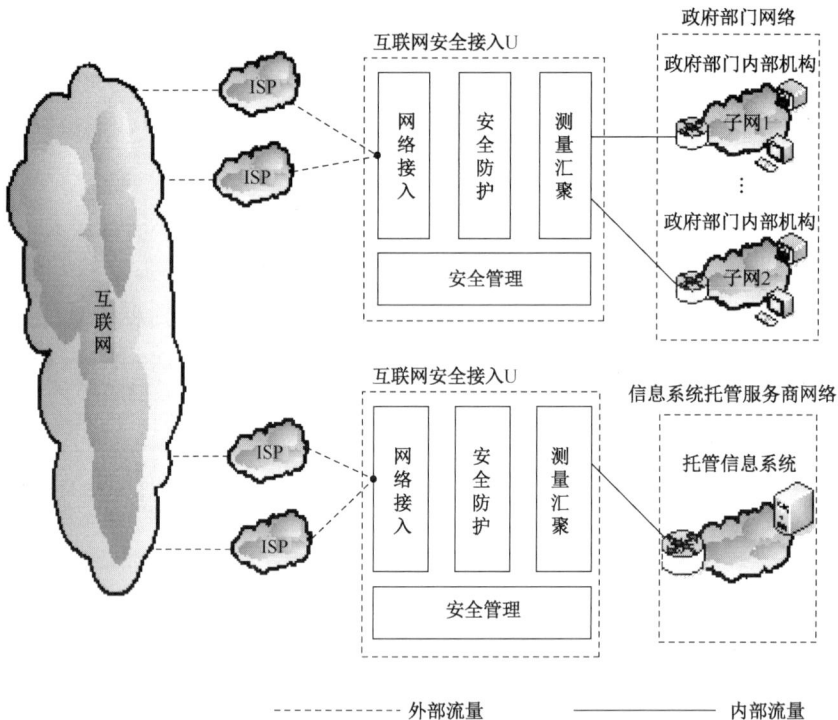

图 5-1　互联网安全接入模型

　　——流量汇聚是指对政府部门网络进行结构调整、线路整合与流量归并。

　　——安全防护是指部署安全监测、攻击防范等安全产品/系统，为政府部门网络提供恶意代码防护、入侵检测与防御等功能。

　　——网络接入是指互联网安全接入口通过交换、路由和负载均衡等设备，经互联网接入链路实现与互联网服务提供商网络的物理连接。

　　——安全管理是指通过收集网络安全事件和数据，实现日志留存、事件处置、威胁预警及信息交互等功能，对互联网安全接入口进行有效管理。

3．互联网接入服务商网络是指互联网接入服务商为政府部门提供互联网接入服务的网络。

4．互联网是指公共互联网络。

二、主要做法

（一）缩减互联网接入口

应综合考虑互联网接入应用需求、安全要求以及接入服务提供商的服务能力和质量等因素，详细统计部门内部上网终端、信息系统等相关情况，合理进行规划，按照互联网安全接入模型整合归并互联网接入口，对互联网流量进行集中汇聚。

各部门可根据现有互联网的连接情况，选择以下接入基本方案：

1．办公区域集中的情况

对于内设机构位于同一楼宇或同一园区内的部门，可直接设立1～2个互联网安全接入口。

2．办公区域分散的情况

对于内设机构位于不同地理位置的部门，可使用以下三种模式实现网络汇聚，再统一设置 1～2 个互联网安全接入口。

（1）专线接入模式：通过自设专线或租用互联网服务提供商的专线，对内设机构网络流量进行汇聚。

（2）虚拟专网（VPN）接入模式：在部门网络边界设置虚拟专网（VPN）接入服务器，异地上网终端、信息系统通过 VPN 协议接入互联网安全接入口，实现流量汇聚。

（3）路由调整接入模式：部门可协调互联网服务提供商，通过路由调整的方式，将各内设机构的网络流量汇聚到互联网安全接入口。

（二）加强互联网安全接入口技术防护

应根据互联网接入安全防护特点，按照国家信息安全相关标准规范，对整合归并后的互联网安全接入口防护措施进行完善优化。实施统一安全防护策略，强化身份认证、访问控制、入侵防范、安全审计、流量监测、恶意代码防护等技术手段，采取链路冗余、路由备份、负载均衡等方式完善灾难备份与恢复措施，提高防病毒、防攻击、防篡改、防瘫痪和防窃密能力，确保网络与信息系统安全可靠运行。

1. 提供身份认证

构建支持多种认证模式、可扩展的统一认证平台，提供动态令牌、短信口令等高强度身份鉴别功能，并且具备进一步拓展能力。

统一认证平台能够提供统一用户管理能力，可为多个信息系统提供统一身份认证服务。

2．建立访问控制

部署访问控制系统，通过授权管理，实现对网络与信息资源使用者权限的控制，达到对资源安全、合法访问的目的。对网络设备（包括路由器、交换机、防火墙等）进行访问控制加固，实现互联网和部门外网之间的访问控制，能在会话非活跃时间或会话结束后终止网络连接，能根据用户名为数据流提供明确的允许/拒绝访问，能实时查看用户的详细信息（在线流量、最新速率、会话数、上线时间等信息），限制互联网各类应用最大流量数及网络连接数，能对主流应用协议进行识别（包括但不限于 HTTP、FTP、TELNET 等），并可根据应用类型、应用内容进行细粒度控制，按最小安全访问原则设置网络设备的访问控制权限。

3．加强出入口流量监测

部署流量监测系统，监控部门网络总流量、子网流量、每个 IP 流量，能够通过 IP 地址、网络服务、应用类型、时间和协议类型等单个或多个参数，实时监测和分析政府部门网络流量，发现流量异常事件，如：流量激增、骤降、波动、拒绝服务攻击，以及被与恶意服务器有可疑连接等。

部署互联网控制网关，通过对互联网访问数据的识别、管理和分析，提供网关级的数据过滤和检查，保证网络访问的合理分配，降低泄密风险，解决互联网访问缺乏合规准入、网页过滤、应用控制、信息保密检查与留存审计等安全控制问题。

4．部署入侵防范设备

部署入侵防御系统，提供扫描攻击检测、缓冲区逸出攻击检测、后门木马攻击检测、拒绝服务攻击检测、针对 IDS 躲避攻击事件检测等功能，实现对互联网攻击行为的检测和阻断。

部署入侵检测系统，对门户网站、邮件系统等核心应用系统提供入侵防范能力。

部署防 DDoS 攻击网关系统，通过对异常流量进行分析和处置，对不同网络节点的流量进行实时关联分析。在定位异常流量发源地后，对异常流量完成牵引和过滤，从而快速消除异常流量造成的危害。

5．恶意代码防护

通过建设防病毒网关、终端防病毒系统、服务器防病毒系统，搭建统一的防病毒策略管理系统，从而建立全面恶意代码防护体系。其中：部署防病毒策略管理系统，从而为全网恶意代码防护设备提供统一的策略管理和病毒包升级服务；在互联网边界部署防病毒网关，对进出局域网的主要网络协议数据进行病毒扫描，把病毒拦截在局域网外部；在用户终端部署终端防病毒系统，对终端面临的木马、病毒、蠕虫等恶意代码进行查杀；部署服务器防病毒系统，对服务器端面临的木马、病毒、蠕虫等恶意代码进行查杀。

6. 定期进行漏洞扫描

部署漏洞扫描系统，定期对政府部门网络内部的上网终端、信息系统等进行扫描，及时发现安全漏洞并通知修复。

7. 开展安全审计

部署安全审计系统，对网络连接、系统日志、系统流量、资源访问等进行记录和监控，建立有效的信息安全事件实时追踪机制。

（三）强化互联网安全接入口管理

应结合工作实际，从建设、使用、维护、安全和应急管理等方面建立互联网接入制度体系，促进互联网安全接入工作顺利开展。

图 5-2　互联网安全接入管理制度体系

同时，应建立包括资产管理、日志收集与分析、风险评估、信息系统安全检查、安全运维等内容在内的统一安全管理平台，对系统中发生的安全事件进行合理分析和处置，有效地开展风险评估和信息系统安全监察工作。包括以下四个方面：

1．统一事件管理系统

为系统中所有的网络设备、安全设备、电子政务系统提供了统一的日志收集与管理分析平台，实现了从网络到设备直至应用系统的监控。在对日志信息集中收集、关联分析的基础上，有效地实现了全网的安全预警、入侵行为的实时发现和入侵事件动态响应。

2．安全运维系统

实现对系统中软硬件设备和电子政务系统的资产管理；实时监控主机系统、安全设备、网络设备、中间件和数据库等重要指标，并根据策略进行报警；与统一事件管理平台对接，根据策略生成安全维护工作流。

3．风险评估与预警系统

风险评估过程符合《信息安全技术 信息安全风险评估规范》（GB/T 20984-2007）的标准要求，粒度应在 IP 级以下；能够从统一事件管理平台中归类出威胁类型和威胁值；能够从安全运维平台中获取资产类型和资产值；支持手动导入威胁、资产和脆弱性；能够形成态势分析和多维度报表及展示。支持政府信息系统安全检查等相关要求。

4．页面异常监控平台

支持实时检测网站是否存在服务中断、挂马、恶意篡改特定的敏感词等情况，并生成详细分析报告；支持通过浏览器、源代码、文本和更改报告等多种技术，对网站检测内容进行分析，并将更改内容进行高亮标注；支持随时对网站历史报警进行分析；支持根据网站地址、网站类型、报警类型、时间等进行历史报警查询与分析；支持挂马检测深度配置；支持黑白名单配置。

三、应用案例

某单位互联网接入安全管理实施方案见附件二，包括该单位在互联网安全接入工程实施前的网络现状分析、互联网安全接入管理的目标描述、互联网安全接入的总体架构以及在管理和技术方面采取的安全措施。

第六章　网络安全管理

目前政府部门网络安全存在安全域划分不合理、安全策略配置不合理、抵御 DDOS 攻击的防护手段匮乏等诸多问题。因此，对网络系统进行科学、规范的管理，确保网络与系统顺畅高效、安全稳定运行成为政府部门网络安全防护工作的重中之重。

一、网络安全总体框架

网络安全包括网络安全技术和网络安全管理两个方面。网络安全技术需要考虑网络架构安全、网络边界安全和网络内部安全三个方面；网络安全管理需要从网络环境、网络人员、网络密码、网络访问、网络操作和网络通讯等多个方面进行考虑。网络安全总体框架如下图所示：

二、网络安全技术防护

从网络架构、边界防护和内部安全三个方面实施网络安全技术防护。

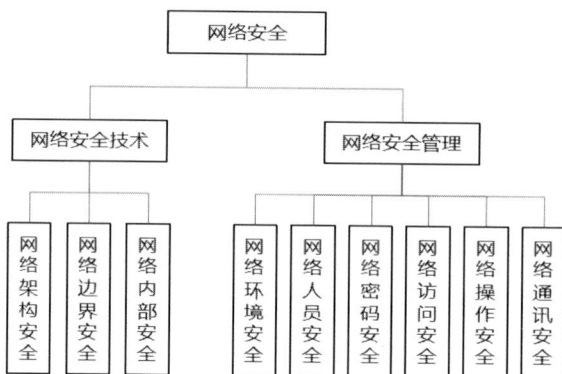

图 6-1 网络安全总体框架

（一）网络安全域划分

目前可从信息资产重要度、业务类型、物理或逻辑区域以及组织结构等多维度来划分网络安全区域。基本遵循以下四条原则：

1. 将复杂的大型网络系统安全问题转化为较小区域。

2. 理顺网络架构，提升系统的安全规划和设计能力。

3. 各区域安全防护重点明确清晰，消除安全策略冲突。

4. 简化网络安全运维工作，安全域的维护工作量要低于未划分之前的水平。

根据网络分区分域划分原则可将政府部门网络系统划分为外部网络、骨干网接入区、电子政务网接入区、互联网接入区、应用服务区、核心交换区、公共服务区和终端区（如下图所示）。

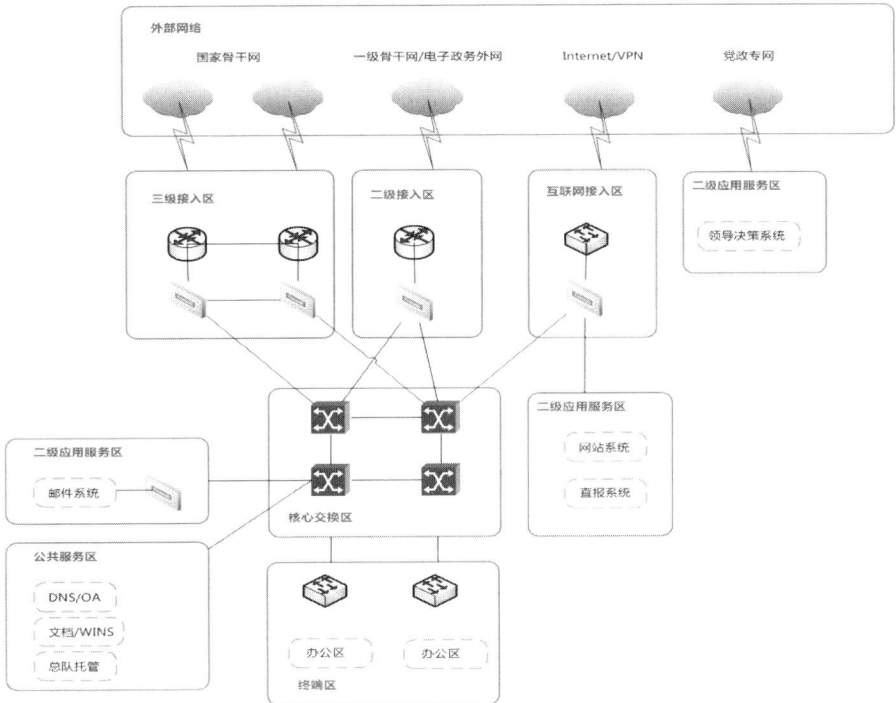

图 6-1　某单位网络架构图

根据承载业务的重要性进行分区分域管理，采取必要的技术措施对不同网络分区进行防护、对不同安全域之间实施访问控制。

（二）网络边界防护

网络安全边界划分为内网和外网的边界、各部门之间的边界、重要部门与其他部门的边界以及部门与下属机构的边界。

基于安全风险，将网络安全边界防护分为基本安全防护、较严格的安全防护、严格的安全防护和特别安全防护四个级别。基本安全防护一般采用路由器或三层交换机，实现基本的登录或连接控制；较严格的安全防护一般采用普通功能的防火墙、防病毒网关、入侵防御、信息过滤、边界完整性检查等，实现相对严格的登录或连接控制；严格的安全防护一般采用高安全功能的防火墙、防病毒网关、入侵防御、信息过滤、边界完整性检查等，实现严格的登录或连接控制；特别安全边界防护需要采用当前最先进的边界防护技术，必要时可采用物理隔离安全机制。主要的防护措施如下：

1．策略制定：通过制定访问策略、责任策略、认证策略及徇私策略只提供允许的服务，防止非授权访问。

2．病毒过滤： 在网络层适当节点部署防病毒过滤策略或系统，有效防范病毒的传播和繁殖。

3．内容过滤：对网络内容进行监控，防止某些特定内容在网络上进行传输。

4．入侵防护：通过部署入侵检测策略或系统，监测恶意攻击事件，以邮件、短信或日志等方式通知相关管理者。

5．远程接入管理：通过接入安全认证、授权和统计手段，防止非授权访问，并提供事后审计信息。

6．P2P 控制：对网络内部 P2P 等非关键性应用和异常流量等严重占用带宽的网络行为，进行有效控制和抑制，确保网络的通畅。

7．多链路出口控制：通过多链路负载均衡，可以使流量得以合理分配、保证单一链路故障不影响系统正常运行。

8．DDoS 防范：防止被攻击目标无法提供正常服务，主要的攻击手段有：海量数据包堵塞网络入口、每隔几分钟发一个包甚至只需要一个包即可让高级配置的服务器不再响应、利用协议和系统缺陷等。

常用的安全边界控制系统或工具包括：防火墙、UTM、VPN 网关、IDS/IPS、防病毒网关、URL 过滤、带宽控制、多链路平衡和链路压缩。

（三）网络内部安全

常用的安全技术控制措施包括：网络行为控制、入侵防护、蠕虫风暴防范、接入管理、政策遵从和性能管理。

常用的安全系统或工具包括：

1．网络异常行为检测与控制：提供网络控制和管理功能包括网页访问过滤、网络应用控制、带宽流量管理、信息收发审计和用户行为分析等，将网络管理高度可视化。

2．接入认证：可以将不符合安全要求的终端限制在"隔离区"内，防止"危险"终端对网络安全的损害，避免"易感"终端受病毒、木马的攻击。

3．带宽管理控制：通过限制下载和限速来控制带宽，保证业务数据流的正常运行。

另外，通过对网络边界和网络内部的安全设施进行有效的系统化管理，可以强化网络安全技术的有效实施。主要的管理控制手段包括：设备管理和监控、安全事件管理、一致性管理、补丁管理、弱点管理、入侵检测审计、内容安全分发和安全策略管理。主要的系统或工具包括：设备管理系统、网络性能管理系统、安全事件和信息管理系统、识别管理和安全策略管理系统等。

三、网络安全管理

为有效管理网络安全，可以从网络环境、网络人员、网络密码、网络访问、网络操作和网络通讯等方面制定规章制度对网络系统进行科学规范的管理。具体的内容如下：

1. 网络环境安全管理包括网络环境物理入口控制、网络设备安全保护、网络设施离开组织场所的安全保护及机房布缆安全。

2. 网络人员安全管理包括内部人员入职时的权限分配、调岗或离职人员的权限撤消和收回，外部人员访问权的开放和收回。

3. 网络密码安全管理包括密码使用控制策略和密钥安全管理。

4. 网络访问安全管理包括网络访问的控制要求、网络用户的访问管理、网络用户的职责和网络操作系统的访问控制。

5．网络操作安全管理包括网络操作的文件化管理、网络数据的备份、网络日志和监控管理、网络操作系统管理及网络操作系统漏洞管理。

6．网络通讯安全包括网络控制、网络服务安全管理、网络隔离及网络监视和审计的管理。

第七章 计算机终端安全管理

终端区域安全防护的主要资产对象是计算机终端，因此解决终端区域安全管理的问题在很大程度上就是如何解决计算机终端安全管理的问题。目前政府部门计算机终端安全管理方面存在计算机终端台帐不清、缺乏计算机终端安全防护管理制度和安全防护策略、计算机终端软件随意安装和滥用、计算机终端运行过程缺乏监控和审计等诸多问题。应从使用维护、配置管理、接入管理和运行管理等方面加强政府部门计算机终端的安全管理。

一、统一管理

（一）设备采购

1．应采购安全可控的计算机终端及其配套的软硬件产品；采用国产芯片和操作系统；应选择有自主可控的国产安全防护类软件，如恶意代码防范软件、防火墙等；采购基于新型技术的产品和服务或者国外产品和服务时，应进行必要性和安全性评估；不要单纯追求高性能高配置，而应从业务使用需求出发选择适合的配置。

2．采购过程要规范，对合同内容的安全条款要求，建议以附件方式签订安全保密协议或者在合同正文中体现安全保密要求。

3．采购流程中应具有明确的货物验收环节。货物验收应审查和验证所采购的计算机终端设备是否为质量合格的正品，采购的操作系统软件和应用软件是否为正版软件。对由外包方开发的非商用软件，应要求开发方提供源代码，并在通过第三方专业机构的安全审查后方可使用。

4．如需采购计算机终端运维服务，应进行资质能力评估。

（二）设备使用

1．建议采用审批手段确保计算机终端设备的使用符合安全管理要求，通过审批机制明确计算机终端的使用人和安全责任人。

2．应制定计算机终端使用管理要求，建立并维护计算机终端软硬件资产清单。资产清单中应包含硬件设备的名称、编号、品牌型号、采购时间、领用人、存放位置、领用时间等信息；软件资产清单应包含软件名称、版本号、采购时间、开发商名称、用途或使用人等信息。应根据资产清单定期对计算机终端进行盘点，掌握计算机终端设备的最新使用状况。

3．对于计算机终端设备和配置的软件，如果已经有权威机构的明确声明或鉴定表明其存在安全漏洞或隐患，应及时要求供应商提供软硬件产品的升级。

4．计算机终端因维修或其他原因带离办公区域时，应根据所存储数据的安全属性，采取数据备份、数据清除等措施，确保重要数据安全。在重新联入办公网络前，应进行安全性检查。

5．应严格移动存储介质管理制度。应定期清理、整理移动存储介质，特别是敏感数据信息。

6．对计算机终端相关安全管理制定必要的应急预案，当计算机终端发生安全事件后，能够及时采取应急响应措施，降低安全风险。

（三）设备报废

1．建议采用审批手段确保计算机终端设备的报废符合安全管理要求。

2．应制定计算机终端报废管理要求。对计算机终端、移动存储介质等资产的报废统一管理，报废前应做好数据备份和清除，必要时可拆除硬盘、存储卡等数据存储介质。保存敏感信息的废弃存储介质，应由指定的专业机构进行回收处理。

3．软件资产停用后，应及时从计算机终端中卸载。

二、规范配置

（一）软件配置

应以软件选用列表为基础，建立计算机终端可执行程序"白名单"，通过终端管理系统、安全防护软件等技术手段阻止非"白名单"中软件的安装和运行。具体内容如下：

1．根据终端支撑业务开展的需求，按照最小化原则，确定终端软件的配置管理要求和软件配置清单。

2．网络安全管理部门制定软件配置管理要求规章制度并维护软件配置清单和软件分发记录；网络安全部门或其他责任部门提出操作系统软件、日常办公软件、信息安全软件配置申请，各部门提出应用软件配置申请；由网络安全主管部门批准软件配置申请。

3．网络安全部门对批准的软件进行安全性测试并出具安全评估报告；通过安全性测试的软件，可分发到需求提出部门；责任部门更新软件配置清单和软件分发记录。

4．软件配置清单可参考如下格式：

表 7-1　软件配置清单

序号	001
软件名称	WPS 办公软件
版本号	XXXXXXX
软件简介	XXXXXXX

续表

厂商	XXXXXXX
供应商	XXXXXXX
授权拷贝数量	XX 份
分发数量	XX 份
剩余可用授权数量	XX 份
是否通过安全测试	是

5. 软件分发记录可参考如下格式：

表 7-2　软件分发记录表

序号	001
版本号	xxx
使用人	xxx
有效期限	xxx
软件名称	xxx
使用部门	xxx
领用日期	xxx

6. 只有审批并且通过安全性评估的软件，才允许安装使用。安全评估工具可采用病毒检查工具、木马检查工具、源代码安全检查工具、漏洞扫描工具等。

7. 可通过工具软件分发系统完成软件的分发和安装，并对分发和安装情况进行记录。

8．对已安装软件进行安全跟踪，定期进行安全检查，并通过软件升级及时对新发现的软件安全漏洞进行修补。

（二）操作系统安全配置

操作系统安全配置需要保证安全性和良好的使用性，主要包括账户策略、本地策略、系统策略、网络策略和操作系统组件。其分为五个级别：用户自主保护、系统审计保护、安全标记保护、机构化保护和访问验证保护。在政府机构单位中大多数日常办公是在Windows 环境下进行的，下面以 Windows 系列操作系统为例，参考如下几个方面对终端操作系统进行安全配置。

1．操作系统权限控制。采用最小权限原则保证操作系统权限得到适当的控制。可通过组策略设定达到权限控制目的。建议采取如下权限设置：

（1）禁止共享文件夹或者更改共享文件夹的默认权限

建议禁止在计算机终端上开启共享文件夹。如果必须开启，建议将共享文件的权限从"Everyone"更改为"授权用户"，因为"Everyone"权限可允许任何有权进入网络的用户都能够访问终端上的共享文件。

（2）开启屏幕保护/屏幕锁定密码

建议为计算机终端设置屏幕保护密码，防止内部人员随意进入和浏览计算机终端。离开计算机终端时，屏幕保护将启动并且保护终端桌面无法进入。

（3）使用 NTFS 分区

与 FAT 文件系统不同，NTFS 文件系统可以提供权限设置、加密等更多的安全功能。因此，建议计算机终端采用 NTFS 分区进行管理。

（4）开启 Windows 操作系统内置的防火墙

开启 Windows 操作系统内置的防火墙，设置必要的访问控制策略，保证操作系统可以屏蔽非授权网络访问。

（5）禁止系统显示上次登录的用户名

默认情况下，计算机终端本地登录对话框中会显示上次登录的账户名。这使得他人可以很容易地得到系统的一些用户名，进而猜测密码。建议修改注册表，禁止登录对话框显示上次登录的用户名，具体方法是修改注册表键值：HKLM\Software\Microsoft\WindowsNT\CurrentVersion\Winlogon\DontDisplayLastUserName，把REGB_SZ 的键值改成 1。

（6）禁止建立空连接

默认情况下，任何用户都可以通过空连接连到计算机终端，进而枚举出账号，猜测密码。建议通过修改注册表来禁止建立空连接，方法是修改注册表键值：HKEY_LOCAL_MACHINE\System\CurrentControlSet\Control\LSA\RestrictAnonymous ， 将 RestrictAnonymous 的值改成"1"即可。

（7）打开审核策略

开启 Windows 安全审核有助于尽快发现计算机入侵行为。建议至少开启如下审核策略：

表 7-3　审核策略列表

审核系统登录事件	【成功，失败】
审核账户管理	【成功，失败】
审核登录事件	【成功，失败】
审核对象访问	【成功，失败】
审核策略更改	【成功，失败】
审核特权使用	【成功，失败】
审核系统事件	【成功，失败】

2. 账号口令安全设置。采用最小权限原则保证只允许必要的用户使用最小操作系统权限使用计算机终端。建议采取如下账号口令安全设置：

（1）停止 Guest 账号

在［计算机管理］中将 Guest 账号停止掉，任何时候都不允许 Guest 账号登录系统。另外，建议给 Guest 账号设置一个复杂的口令密码，并且修改 Guest 账号属性，设置为拒绝远程访问。

（2）限制用户账号数量

去掉所有的测试账户、共享账号和普通部门账号。对必须的用户账号，通过用户组策略设置相应权限。建议经常检查操作系统的账号，删除已经不适用或长期不使用的账号。

（3）减少管理员账号

建议不要经常使用管理者账号登录系统，以避免被一些能够察看 Winlogon 进程中密码的软件窥探到口令，应该为桌面用户建立普通账号来进行日常工作。

（4）管理员账号改名

为 Windows 操作系统中的默认 Administrator 管理员帐号重新更改名称，应尽量将其伪装为普通用户，可以减少被攻击和探测的危险。

（5）陷阱账号

建议创建一个名称为 Administrator 的普通用户，作为一个陷阱账号。将其权限设置为最低，并且加上一个 10 位以上的复杂密码，借此可以耗费入侵者的大量时间，并且可以有效发现其入侵企图。

（6）安全密码

开启 Windows 的账号密码策略和账号锁定策略。确保启用操作系统的密码复杂度要求，建议设置 8 位以上的账号口令，并采用字母、数字和特殊字符的组合方式设置口令。复杂的密码可有效防止破解和系统入侵。账号锁定策略可保证多次登录失败后系统自动锁定。

3. 禁止运行不必要的进程和服务。采用最小运行原则保证只允许用户运行授权使用的软件和服务。

（1）禁止不必要的服务

以 Windows XP 为例，应该禁用如下服务。

---NetMeeting Remote Desktop Sharing　允许授权的用户通过 NetMeeting 在网络上互相访问对方。

---Universal Plug and Play Device Host　此服务为通用的即插即用设备提供支持。这项服务存在一个安全漏洞，运行此服务的计算机很容易受到攻击。

---Messenger　俗称信使服务，这是一个危险的服务，垃圾邮件和垃圾广告厂商，也经常利用该服务发布弹出式广告。

---Terminal Services　允许多位用户连接并控制一台机器。

---Remote Registry　使远程用户能修改此计算机上的注册表设置。

---Fast User Switching Compatibility　在多用户下为需要协助的应用程序提供管理。

---Telnet　允许远程用户登录到此计算机并运行程序。

---Remote Desktop Help Session Manager　如果此服务被终止，远程协助将不可用。

---TCP/IP NetBIOS Helper　NetBIOS 很容易被人利用来进行攻击，对于不需要文件和打印共享的用户，此项服务应禁用。

---Error Reporting　服务和应用程序在非标准环境下运行时，允许错误报告。

---Print Spooler　将文件加载到内存中以便稍后打印。如果没装打印机，可以禁用。

（2）禁止不必要的进程

对于计算机终端可以运行的进程应该严格管理，以防恶意软件对操作系统的入侵和信息泄露。

（三）应用软件

对计算机终端运行的应用软件进行安全管理，包括应用软件运行控制、升级和安全配置三个方面。

1．应用软件运行控制

以 Windows 操作系统为例，建议通过第三方软件实现进程的"白名单"管理，如安装商业化的桌面安全管理软件，启用软件安装管理控制功能，可通过"白名单"方式对软件运行进行控制。

2．应用软件升级

当应用软件出现新的安全漏洞时，应及时对应用软件进行版本升级或补丁升级。建议开启系统自动更新功能或通过第三方软件实现应用软件的安全补丁升级管理。

3．应用软件安全配置

常见的桌面应用软件包括网页浏览器程序、邮件客户端程序、文字处理软件等。应对这些常见应用软件进行必要的安全配置，以保证软件使用的安全性。

（1）网页浏览器程序安全配置

以 Windows Internet Explorer 10.0 为例，建议从如下方面增强浏览器的安全性：

---临时文件位置转移和限制

IE 浏览器在上网的过程中会在系统盘内自动的把浏览过的图片、动画、文本等数据信息保留在系统 C 盘中的某个临时文件夹内。建议将该文件夹转移到非系统磁盘分析，并限制该文件夹的大小。方法是打开 IE，依次点击"工具"→"Internet 选项"→"Internet 临时文件"→"设置"，选择"移动文件夹"的命令按钮并设定 C 盘以外的路径，然后再依据硬盘空间的大小来设定临时文件夹的容量大小（例如，设置为 50M）。

---禁用历史记录

浏览器历史记录可成为入侵者利用机会，造成计算机终端的安全问题。建议禁用浏览历史记录。方法是在浏览器界面中点击"工具"→"Internet 选项"，找到"历史记录"一项，将 "网页保留在历史记录中的天数"设定为 0。

---禁用自动完成功能

IE 浏览器的"自动完成"功能会暴漏使用者的一些敏感信息，因此建议禁用浏览器的"自动完成"功能。方法是在 IE 浏览器界面依次点击菜单栏上的"工具"→"Internet 选项"→"内容"。在个人信息处单击"自动完成"按钮。将所有的选项卡均勾除掉。同时

点击"清除密码"和"清除表单"以去掉曾经保留下的密码和相关权限信息。

---脚本运行设置

根据工作需要，尽量禁止浏览器自动运行 ActiveX 控件和插件脚本文件。方法是点击 IE 浏览器菜单栏中的"工具"→"Internet 选项"→"安全"→"Internet"→"自定义级别"，禁用"ActiveX 控件和插件"、"Java"、"脚本"等安全选项。

---Cookies 隐私设置

Cookies 会暴漏使用者的隐私和敏感信息。建议禁用 Cookies。方法是点击 IE 浏览器菜单栏中的"工具"→"Internet 选项"；在"隐私"标签中将隐私设置项设为"阻止所有 Cookie"。

---禁用多余插件

浏览器插件程序时多数恶意软件破坏计算机的入口。建议禁用可疑的浏览器插件。方法是选择 IE 浏览器工具栏中的"管理加载项"菜单，查看已经安装的插件并禁用可疑插件。

（2）邮件客户端程序安全配置

邮件是最大的信息泄露源之一，因此应注意邮件的安全保护。

---设置运行密码

建议对邮件客户端程序设置启动密码，防止未授权启动邮件客户端收取或查看邮件内容。以某邮件客户端为例，其设置方法如下：选择"个人文件夹"，右键单击"属性"，在弹出的对话框中点击

"高级"，在弹出的对话框中点击"更改密码"，可为当前文件夹设置一个访问密码。

---禁用账号密码保存功能

邮件客户端程序会通过保存的邮件账号和密码自动收取邮件。建议禁用账号密码保存功能，防止非授权用户收取邮件或发送伪造邮件。以 Outlook 2007 为例，其设置方法如下：单击"工具"→"帐户设置"，选中要设置的邮件帐户，在弹出的对话框中去除"保存密码"选项。

（3）文字处理软件安全配置

文字处理软件是政府机关计算机终端最频繁使用的应用软件，不过其安全性往往容易被人忽视。下面以 OFFICE WORD 2007 软件为例，对如何加强文字处理软件的安全配置提出建议。

---禁用宏

宏是一段在OFFICE WORD文字处理软件中能够解释运行的程序代码，常常会成为病毒入侵系统的入口。因此建议在 OFFICE WORD 文字处理软件中禁用宏。设置方法如下：点击"OFFICE 图标"→"WORD 选项"→"信任中心"→"信任中心设置"→"宏设置"，选择"禁用宏"，可以禁止 OFFICE WORD 自动运行宏。

---禁用 ActiveX 控件

允许 ActiveX 控件自动执行可能会为应用程序带来安全风险。建议通过配置"禁用所有 ActiveX"设置来禁止在 WORD 中运行

ActiveX 控件。设置方法是修改注册表键值：HKEY_CURRENT_
USER/ Software/Policies/Microsoft/Office/Common/Security，将注册
表项 DisableAllActiveX 的值修改为"1"。

---禁用加载项

禁用加载项的设置方法如下：点击"OFFICE 图标"→"WORD
选项"→"信任中心"→"信任中心设置"→"加载项"，选择"禁
用加载项"，可以禁止 OFFICE WORD 打开文件时自动运行加载项。

---检查可疑 Internet 链接

某些 WORD 文件中可能有隐藏的 Internet 连接，建议对此类隐
藏 Internet 连接进行自动检测。设置方法如下：点击"OFFICE 图标"
→"WORD 选项"→"信任中心"→"信任中心设置"→"个人信
息选项"，选中"检查来自或链接到可疑网站的 Office 文档"。

（四）安全防护软件

为保证计算机终端的信息安全，应安装和运行必要的安全防护
软件，包括桌面防火墙软件、防病毒软件、系统防护与安全检查软
件等。安全防护软件配置建议：

1. 设置安全防护软件为开机自动启动方式。

2. 应设置恶意代码防范软件策略设置，定期查杀木马，定期
清理 Cookie 等。

3. 定期对所有本地存储介质进行安全扫描。

4. 自动对接入介质及其文件进行安全扫描。

5. 及时更新、升级恶意代码防范规则库。

6. 应启用本机防火墙，并以白名单的方式设置访问控制规则。

7. 除特殊情况外，应阻断所有向本机发起的连接。

三、接入管控

（一）网络接入

网络接入管理是指对计算机终端接入政府机关办公网络的管理，包括身份认证、访问控制和日志审计。建议采取如下措施对计算机终端进行接入管理：

1. 计算机终端入网审批

建议采用准入审批机制，对接入办公网络的计算机进行登记。准入审批机制可以让管理人员了解和掌握本单位所有合法的计算机终端清单，配合准入控制策略的实施，可有效减少非法计算机终端接入办公网络。

2. 身份管理

（1）对每一台计算机终端进行资产登记，分配唯一的资产编码或身份编码，并且与一个使用人账号关联，资产登记信息项至少包括：

表 7-4 资产登记信息项

计算机名称	XXX
使用人姓名	XXX
唯一识别号	XXX
认证关联账号	XXX
操作系统名称	XXX
操作系统版本	XXX
部门	XXX

（2）使用人账号与实际使用人实名关联，统一计算机终端身份和使用人身份，从而实现计算机终端接入的实名认证。

3．身份认证

（1）启用 Windows 操作系统的 802.1X 准入认证功能，或者采用第三方准入控制系统，实现计算机终端接入网络时的身份验证；

（2）应对计算机终端的安全性进行检查，只有通过安全性检查的计算机终端才允许接入办公网络；

（3）对于无线接入的计算机终端，可通过开启接入 AP 的身份验证功能，强制对无线接入计算机终端进行身份认证；

（4）部署专门的身份认证服务器，如 Radius 服务器，负责对有线或无线网络接入的终端计算机进行身份认证。

4．访问控制

（1）建议通过技术手段，确保未通过身份认证的计算机终端，不允许接入办公网络；

（2）通过身份认证但未通过安全认证的计算机终端，建议将其隔离到一个独立的网段，在该网段部署补丁更新服务器和防病毒服务器等，允许隔离的计算机终端手动或自动安装操作系统补丁和更新防病毒软件的病毒库。经过安全修复的计算机终端，可再次通过身份认证和安全认证，接入办公网络；

（3）对通过身份认证和安全认证的计算机终端，建议按照部门或安全级别启用不同访问控制策略，对其访问目标进行必要的控制；

（4）可以通过动态更新办公网络的核心层交换机访问控制列表，或者部署第三方访问控制网关实现接入计算机终端的访问控制。

5．日志审计

（1）建议对计算机终端接入办公网络的全过程进行日志审计，包括计算机终端的入网审批日志、身份认证日志、安全认证日志、安全修复日志、访问控制日志等。

（2）建议统一日志格式，便于日志检索和分析。

（二）介质接入

存储介质，尤其是 USB 移动存储介质的滥用，是政府机关办公网络信息泄露和病毒引入的主要原因之一。对计算机终端介质接入必须进行管理控制，尤其是不能交叉使用。

1．建立介质管理制度

建议在办公网络计算机终端管理制度中明确提出介质管理的相关要求，具体内容可参考如下方面制定：

（1）应明确存储介质的分类，如光盘、软盘、USB 移动硬盘、U 盘、存储卡等；

（2）制定介质使用的审批流程；

（3）明确介质使用的控制范围、控制方法和具体措施；

（4）要求对介质的使用过程记录日志。

2．介质使用审批

建议采用介质使用的审批机制，对办公网络的所有介质进行登记注册。审批与注册机制可以让管理人员了解和掌握本单位所有合法的介质清单，登记信息项目至少包括；

表 7-5　介质登记信息项

介质资产编号	XXX
介质类型	XXX
介质名称	XXX
使用人姓名	XXX
责任人姓名	XXX
使用范围	XXX
使用期限	XXX

3．介质使用控制

设置办公网络 USB 移动存储介质使用的控制策略并部署实施，建议的控制策略如下：

表 7-6　介质使用控制策略

是否允许使用	XXX
权限（读写、只读）	XXX
部门范围（允许使用的部门）	XXX
计算机范围（允许接入的计算机）	XXX
网络范围（内网、外网）	XXX
使用时间	XXX
使用次数	XXX

4．介质使用审计

建议对 USB 移动存储介质使用过程进行日志审计，审计日志事件类型至少包括：

表 7-7　介质使用审计日志事件类型

计算机终端装载	XXX
计算机终端卸载	XXX
文件操作（拷贝、复制、删除、改名、修改）	XXX
外网使用痕迹	XXX

5．介质接入安全

（1）应制定周密、严格的介质管理制度，对介质进行正确标识、定期安全检查，并实行集中管理、专人管理。

（2）对重要计算机终端，可安装控制介质接入的安全防护系统，以防止非授权介质接入计算机终端进行非法读写操作。

（3）计算机终端应开启自动安全检查功能，对所有接入介质进行病毒查杀、安全扫描等。

（4）计算机终端应开启日志记录功能，自动记录所有介质接入行为。

四、运行监控

（一）集中管控

计算机终端的管理是一项比较复杂的工作，如果由使用人或者责任人手动进行维护管理，很难保证计算机终端的安全得到及时有效控制。建议采用集中管控手段对计算机终端进行统一的维护管理。

1. 维护管理内容

对于计算机终端的统一维护管理，建议包括如下主要内容：

（1）软件安装和卸载；

（2）补丁检测和更新；

（3）病毒检测和病毒库更新；

（4）流量监控；

2．维护管理方法

建议利用如下方法加强计算机终端的统一管理：

（1）启用 Windows 域管理策略，实现软件的集中分发与管控和补丁更新；

（2）安装第三方安全管理系统实现软件分发部署、防病毒软件检测、补丁管理、流量控制等管控要求；

（3）安装网络版防病毒软件实现集中病毒查杀。

（二）安全审计

1．安全审计对象

计算机终端安全审计的主要对象应包括计算机配置变更情况、计算机资源使用情况、计算机安全配置变更情况、计算机用户操作行为等，具体应包括：

（1）配置变更：CPU、主板、内存、硬盘、显卡、网卡等。

（2）资源使用：CPU 占用、内存占用、磁盘空间占用、网络带宽占用等。

（3）安全配置变更：账户变更、账户密码策略变更、本地审核策略变更、用户权限变更、组策略变更、自启动程序配置变更、服务变更、注册表变更等。

（4）用户操作行为：文件操作、文档打印、文件共享、文档刻录、网络访问、移动介质使用、邮件收发等。

2．安全审计方法

建议安装第三方安全管理软件，对计算机终端进行统一的安全审计。

（三）流量监控

1．流量监控对象

流量监控可以有效发现计算机终端存在的可疑进程和服务，还可有效减少网络负载压力。流量监控的对象是计算机终端本地运行的进程和服务，通过流量监控结果的分析，可以及时发现可疑进程和服务并采取必要的保护措施。

2．流量监控策略

流量监控可采取三种策略。一是对计算机终端流入流出的总流量进行监控，二是按照计算机终端访问的目标网络进行分段详细监控，三是对本地计算机上的不同进程与服务的流量进行监控。建议根据自身需要，采取上述策略之一或者策略组合对计算机终端的流量进行监控。当流量检测过程中发现异常流量时，建议留存日志记录或报警记录。

3．流量控制

对于具有特殊安全需求的计算机终端，建议在流量监控策略之外，还应实施流量控制策略，限制其网络访问流量。

4. 流量监控方法

建议启用 Windows 自身流量监控功能，或者采用第三方软件进行流量监控。一般情况下，第三方流量监控软件都可以实现上述三种监测策略。

（四）漏洞扫描与修补

1. 定期漏洞扫描

建议对计算机终端定期进行漏洞扫描，参考扫描策略如下：

（1）每周一、周四扫描一次；

（2）有重大漏洞公布时，立即进行手动扫描；

（3）重要时期每天扫描一次。

2. 漏洞修补

以 Windows 操作系统为例，漏洞修补可采取如下几种方式之一：

（1）开启操作系统自身的补丁检测和升级功能，以 Windows 7 操作系统为例，具体操作方法是打开"控制面板"→"系统和安全"→"Windows 更新"→"更改设置"，选择"自动检测和安装更新"；

（2）安装第三方补丁管理软件，并开启补丁检测和修复策略。

第八章　应用系统日常安全防护

政府部门应用系统包括网站系统、邮件系统、办公系统和业务系统等，承载了政府部门正常稳定运行的大量数据，其网络安全问题直接影响到政府各部门的工作效率，成为国家需要高度关注的信息系统。针对网站系统和邮件系统的特点，介绍不同应用系统需要采取的防护措施。

一、门户网站安全防护

由于门户网站具有面向互联网提供信息服务的特点，带有多种动机的攻击者可能会利用互联网网站的开放性和交互性进行漏洞探测，进而实施非授权防问、页面篡改、信息窃取或拒绝服务攻击。政府部门门户网站系统由于其代表政府的特殊属性，与普通网站相比更容易遭到来自互联网的攻击。门户网站安全防护主要从域名管理、信息发布、网站攻击防范、链接安全性和有效性检查以及渗透性测试等方面开展工作。

（一）域名管理

根据国家有关要求，政府部门门户网站系统应使用"gov.cn"、"政务.cn"或"政务"域名。部署政府部门网站的服务器应独立，避免与其他".com"、".org"的网站部署在一起。

（二）信息发布

制定门户网站信息发布审批流程，并严格执行。审批流程应包括提交、审核、审批、发布、存档等 5 个流程，制定信息发布审批单并进行存档管理，做到可查询、可追溯。

（三）网站攻击防范

应部署网页防攻击、防篡改系统，对门户网站进行保护，防止门户网站系统由于恶意攻击导致瘫痪、中断，防止外部或内部非授权的人员对页面和内容进行修改、删除或添加等。

定期进行漏洞扫描，及时发现高危风险漏洞并及时进行整改。常见的高危风险漏洞包括：SQL 注入、文件上传、弱口令、缓冲区溢出、跨站脚本、旁路注入、文件泄露、管理页面暴露等漏洞，黑客可以轻易利用上述漏洞发起对网站系统的攻击，实施网页篡改。

在实际工作中，可以采用静态页面、镜像等技术或者采用人工盯防的措施防止网站遭受攻击和被篡改，也可以部署使用网页防篡改系统，提高工作效率。网页防篡改系统一般应具有网页文件保护、网络攻击防护、集中管理、网站备份还原、网页流出检查、实施报警、日志审查等功能。

（四）链接安全性和有效性检查

定期对政府部门门户网站中链接的相关网站和信息系统进行安全性检测，对于存在安全隐患的链接应及时断开链接，并在网页上进行链接删除；点击网页上的链接，查看其有效性，对于内容失效、无法查看的链接应进行及时删除。

（五）渗透测试

不定期的委托专业技术机构（专业技术机构选取应参照信息安全检相应的要求），在不影响门户网站的安全稳定运行的前提下，开展渗透测试工作，验证门户网站安全防护措施的有效性，及时发现薄弱环节并进行有效整改。开展渗透测试工作时，应选取网站访问量低，对服务影响小的时间段开展工作。对于渗透测试中发现的问题，如果一时无法进行有效的整改，应及时屏蔽互联网访问，避免信息安全事件的发生。

二、邮件系统安全防护

邮件系统的主要安全保障目标是保证邮件帐号的安全性，防止邮件被用户之外的人非法掌控；保证邮件内容的安全性，防止恶意代码（如蠕虫、木马、病毒等）通过邮件系统传播；减少垃圾邮件的攻击。邮件系统安全防护主要包括注册管理、口令管理、反垃圾邮件和定期清除四个方面。

（一）注册管理

明确邮箱系统的注册管理流程，仅限制本单位工作人员使用。应制定邮箱注册申请单，注册使用新邮箱时，注册人应填写申请单，报批后方能使用。对于离职人员，应及时删除邮箱。

（二）口令管理

对邮箱用户的登陆口令长度、复杂度和更换周期提出明确要求，一般要求口令长度应为 8 位字符，字母与数字混合，每 2 个月进行一次更换。同时，在用户登陆时采用图形验证码技术。

（三）反垃圾邮件

目前主流使用的邮件系统中均带有反垃圾邮件功能，应在系统中进行设置，启用黑名单、邮件过滤等功能。对于未带有反垃圾邮件的系统，可以使用国内可靠知名厂商的病毒扫描引擎，对收发邮件按照扫描引擎的结果进行过滤，防止病毒通过邮件传播。

（四）定期清除

要求邮箱用户定期清理邮件，邮箱系统运维人员应定期备份邮箱服务器上的邮件并对其强制清除。

第三部分　新技术在政府部门的应用

第九章　云计算服务安全

云计算代表了信息技术的发展趋势，积极推进云计算在政府各部门的应用,以合同方式获取和采用企事业单位提供的云计算服务，有利于减少各部门分散重复建设、降低信息化成本、提高资源利用率。

一、云计算服务过程

政府部门采购和使用云计算服务的过程可分为四个阶段：规划准备、选择服务商与部署、运行监管、退出服务，如图 9-1 所示。

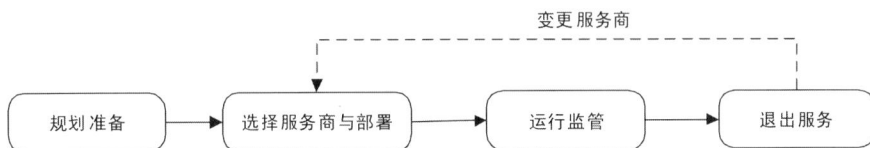

图 9-1　云计算服务的生命周期

在规划准备阶段，应分析采用云计算服务的效益，确定自身的数据和业务类型，判定是否适合采用云计算服务；根据数据和业务的类型确定云计算平台的安全保护能力要求；根据云计算服务的特点进行需求分析，形成需求分析报告和决策建议。

在选择服务商与部署阶段，应根据安全需求和云服务商的安全能力选择云服务商，与云服务商协商合同（包括服务水平协议、安全需求、保密要求等内容），完成数据和业务向云计算平台的部署或迁移。

在运行监管阶段，政府部门应指导监督云服务商履行合同规定的责任义务，指导督促用户遵守政府信息安全的有关政策规定和标准，共同维护数据、业务及云计算环境的安全。

在退出云计算服务时，应要求云服务商履行相关责任和义务，确保退出云计算服务阶段数据、业务的安全，如安全返还客户数据、彻底清除数据等。需变更云服务商时，客户应按要求选择新的云服务商，重点关注云计算服务迁移过程的数据和业务安全；也应要求原云服务商履行退出云计算服务阶段的各项责任和义务。

二、规划准备阶段

政府部门将信息部署或迁移到云计算平台之前，应参照有关标准明确信息的类型：涉密信息、敏感信息、公开信息来确定是否适宜采用云计算服务。

根据业务不能正常开展时可能造成的影响范围和程度，可分为：一般业务、重要业务、关键业务。一般业务出现短期服务中断或无响应不会影响政府部门的核心任务，对公众的日常工作与生活造成的影响范围、程度有限。重要业务一旦受到干扰或停顿，会对政府部门的决策和运转、对公服务产生较大影响，在一定范围内影响公众的工作生活，造成财产损失，引发少数人对政府部门的不满情绪。关键业务一旦受到干扰或停顿，将对政府部门的决策和运转、对公服务产生严重影响，威胁国家安全和人民生命财产安全，严重影响政府声誉，在一定程度上动摇公众对政府的信心。

在分类信息和业务的基础上，综合平衡采用云计算服务后的效益和风险，确定优先部署到云计算平台的信息和业务。

三、选择服务商与部署服务

政府部门应慎重选择云服务商。如重点关注云计算服务器的物理位置（中国境内），重点关注供应链安全防护措施，以及关注云计算平台上数据的访问控制措施。此外，必要时还应根据数据的敏感程度，确定是否需要对访问数据的云服务商工作人员进行背景调查。在需要背景调查时应委托相关职能部门进行。

应与选定的云服务商签订合同，明确云服务商的责任和义务，突出考虑信息安全问题，签订保密协议。还应与云服务商协商服务水平协议，约定云计算服务的各项具体技术指标，并作为合同附件。

为确保部署工作顺利开展，应提前与云服务商协商制定云计算服务部署方案，包括部署负责人和联系人、实施进度计划表、人员培训计划、风险分析、回退策略等内容，该方案可作为合同附件。如果涉及将正在运行的业务系统迁移到云计算平台，客户还应考虑迁移过程中的数据安全及业务持续性要求。

四、运行监管

在采用云计算服务时，虽然政府部门将部分控制和管理任务转移给云服务商，但最终安全责任还是由自身承担。在政府部门网络安全主管部门指导下，政府部门应按照合同、相关制度规定和技术标准明确运行监管的角色与责任，加强对云服务商及其提供服务的云计算平台的运行状态、重大变更和安全事件进行监管，同时对自身的云计算服务使用、管理和技术措施进行监管。

应将云计算服务纳入其网络安全管理工作内容，加强对云计算服务及业务系统使用者的违规及违约情况、自身负责的安全措施实施情况的监管。

对云服务商的运行监管内容包括：安全事件响应、重大变更处理、整改记录、信息安全策略更新、应急响应计划更新及演练等。针对云计算平台的重大变更，如鉴别和访问控制措施、数据存储、软件代码的变更，客户或委托第三方评估机构评估该变更可能带来的风险，并根据评估结果确定需要进一步采取的措施，包括终止云计算服务合同。

五、退出阶段

当需要退出云计算服务或将数据和业务迁移到其他云计算平台上时，应注意以下内容：

一是在签订合同时，与云服务商约定退出条件以及退出时客户、云服务商的责任义务，协商数据和业务迁移出云计算平台的接口和方案。

二是在退出服务过程中，应要求云服务商完整返还客户数据，对云服务商返还的数据完整性进行验证，及时取消云服务商对政府资源的物理和电子访问权限。在将数据和业务迁移回客户数据中心的过程中，应满足业务的可用性和持续性要求，如采取客户业务系统与云计算服务并行运行一段时间等措施。

三是在退出服务后，应确保云服务商按要求处理和彻底清除数据，并提醒云服务商在客户退出云计算服务后仍应承担的责任及义务，如保密要求等。

四是需变更云服务商时，应首先按照选择云服务商的要求，执行云服务商选择阶段的各项活动，确定新的云服务商并签署合同。完成云计算服务的迁移后再退出云计算服务。

第十章　移动办公安全管理

针对移动办公的需求，可在部署无线网络环境的前提下，将应用服务与笔记本电脑、智能终端及平板电脑等进行信息集成，结合信息推送技术实现高效、便捷的无线办公。

一、接入安全

基于身份信息、设备硬件信息、设备系统环境信息、设备应用信息、设备地点信息，禁用网络或者选择政府 Wi-Fi 网络接入、3G 网络、VPN 网络等。具体实现以下几种接入方式：

1. 基于地理位置选择网络接入方式：

根据地理位置进行网络连接配置的开启与关闭。当工作人员在本单位时，则通过下发策略方式，配置终端的 Wi-Fi 脚本，使用该接入点接入到内网业务网络。当工作人员在单位外部时，禁止所有 Wi-Fi 的使用，只允许 3G 模块启动，避免外部 Wi-Fi 可能存在的内容监听风险。

2. 3G 环境下的 VPN 接入方式：

在 3G 网络环境下，通过下发策略方式，统一配置 VPN。建立地理位置和 VPN 配置的对应表，当需要接入网络时，可根据对应表选择相应的 VPN。用户可以配置多个 VPN，每个配置文件中可以包含多个 VPN 配置信息。支持 L2TP、PPTP、自定义 SSL VPN 等多种方式。

3. 统一接入代理服务器：

通过下发策略方式，统一配置代理服务器。通过 OS 代理服务器设置，可以强制所有设备必须通过统一的代理服务器访问网络，尤其在连接到不受信的 Wi-Fi 或 3G 网络时，更可以间接限制访问。

无论采取以上哪种接入方式，当设备出现以下情况时，则要禁止接入网络：设备"越狱"、安装了黑名单、被病毒入侵、OS 版本与要求版本不符、管理策略未下发到设备、SIM 卡、SD 卡号、用户名和密码与设备注册时不同。

二、身份安全

明确移动资产的人员归属，鉴别使用移动终端人员的身份。当身份非法时可以进行安全控制，当身份合法时，基于用户的身份归属提供相应的用户及网络访问权限。

身份认证可与 LDAP 进行联动，LDAP 服务器上的人员分组属性同步至本地，MDM 服务器上存储账号信息，不存储口令信息。当有请求时，将 MDM 服务器的认证信息转到 LDAP 认证，起到中继的作用。

如果存在单点登录机制，可启用单点登录方式。同时尽量扩展认证方式，除账号口令外，辅助的认证手段还包括：软证书、SD key、USB key、动态令牌、手机短信等等，同时需要与应用程序相结合。

三、设备安全

根据设备安全检测结果，对于移动终端系统环境不符合规范的用户，应采取禁止网络接入，禁止应用启动，禁止本地数据访问，锁定设备，甚至擦除数据等安全性控制手段。并且通过远程命令通知用户启动查杀程序，进行环境风险查杀。

设备安全主要检测指标包括密码设定、密码复杂度、摄像头、截屏、内置浏览器、远程备份、Script 等。

1．强制密码策略

移动设备的密码设定是安全保护最简单有效的方式。可设置一种策略，移动设备会被要求在规定时间内设置密码，如果超时没有设置密码，设备将会被锁定，只有设置密码后，才能继续使用。

2．功能限制

对于禁止拍照摄像的工作场所，或是为防止人员对设备上的企业办公系统进行屏幕捕捉而泄密，可采用相应策略关闭终端相机的拍照、截屏等功能。可以限制用户下载个人应用、使用应用商店；

可以禁止设备截屏；可以禁止设备使用内置浏览器；可以禁止设备使用 Javascript、cookie 等。

3．定位

如果需要找回含有关键数据的丢失设备，或是了解外出办事人员的位置，可采用设备定位功能。定位结果可通过地图进行展现，并形成文字形式的地理位置摘要，地图支持多个设备同时展现。

4．锁定

设备丢失或暂时找不到时，为防止企业数据被他人获取，可远程锁定设备，从而保护关键数据的安全。

5．擦除

（1）设备确认丢失后，可远程消除设备上所有信息，使设备恢复出厂设置，并格式化存储卡，防止数据泄漏。

（2）选择性擦除。当人员离岗或离职需要带走含有私人信息的设备时，可远程发送指令，仅擦除设备上与关键工作相关的数据。关键数据包括：MDM 配置及策略文件信息、内部邮件、已安装内部应用及其运行数据。

（3）尝试密码失败擦除

为防止不法分子试探密码，可设置最多失败次数：确定尝试输入密码失败几次之后，设备数据会被擦除。在最后一次尝试失败后，设备中的所有数据和设置都会被抹掉。

四、环境安全

根据环境安全检测结果，对于移动终端系统环境不符合规范的用户，应采取禁止网络接入，禁止应用启动，禁止本地数据访问，锁定设备，甚至擦除数据等安全性控制手段。并且通过远程命令，通知用户启动查杀程序进行环境风险查杀。

环境安全检测主要针对硬件基础信息，如设备唯一识别码、SD卡标识、系统版本、是否越狱/ROOT、当前风险指数、容易程序等：

1. 越狱/ROOT

可以根据系统运行异常和登记，设置是否发送报警邮件、邮件接收人及报警周期。如设备非法越狱后系统会产生相应报警，可采用相关措施对用户进行警告或擦除该用户的数据。

2. 设备唯一标识码

设备接入时，需要将设备唯一标识和系统储存的标识对应，如果不同则禁止接入。

3. OS版本

如果发现OS版本和系统默认版本不符，可发出警告。

4. SD/SIM卡更换

如果发现SD/SIM卡号和系统储存号不符，可发出警告。

5. 恶意软件

通过安装的客户端，对终端运行环境进行安全检测，排除恶意软件的威胁。客户端引擎和知识库采用动态方式加载，能够无缝替换升级。除此之外，针对用户要求可进行定制开发，深度保护移动客户端。

五、应用安全

通过黑名单、正版校验等方式进行应用安全检测，根据监测结果对于移动终端系统环境不符合规范的用户，采取禁止网络接入，禁止应用启动，禁止本地数据访问，锁定设备，甚至擦除数据等安全性控制手段。并且通过远程命令，通知用户启动查杀程序进行环境风险查杀。

1. 黑名单

"应用商店"可通过下载日志，直接获取指定应用的下载人和下载设备，便于及时掌握特定应用是否有越权下载的情况，当用户安装黑名单应用后，可产生告警。

2. 正版校验（内部和外部应用正版校验）

客户端版本验证是用于验证客户端程序是否为官方发布的正版软件、是否被非法篡改过，防止恶意程序植入，造成用户损失。在客户端第一次安装启动后，或程序升级重新安装后，移动客户端安全加固 SDK 将客户端信息，包括证书信息、完整性校验值等信息，上传至云端验证，验证后返回结果。客户端程序，可调用验证结果，如果发现客户端程序被篡改，可提示用户或直接阻止应用启动。

附件一　网络安全管理制度案例

（一）某单位互联网使用管理办法

互联网使用管理办法

第一条　为规范政府部门国际互联网（以下简称：外网）的使用和管理，根据国家有关法律法规的规定，结合本单位实际，制定本制度。

第二条　外网的开通和使用，实行方便工作和保障安全相结合的原则。

第三条　XX 部门是外网管理工作的主要责任部门，负责外网的网络管理和维护保障工作，以及网站日常工作的管理。XXX 部门负责外网网站发布信息的审核、舆论导向的指引。XXX 部门负责外网上网指引、登记备案和有关法律法规的宣传教育。

第四条　特殊工作岗位实行定岗管理，特殊工作岗位可开通外网。其他工作岗位需要开通外网的，实行配额管理。

第五条　申请开通外网的程序是：填写"开通外网申请表"，

经部门领导同意后，报 XX 部门提出审核意见，审核通过的，进行登记备案后，由 XX 部门办理开通事宜。

第六条 超出配额的，申请部门应提出撤销原使用人员名单，否则，申请不予受理。被停止使用外网人员的上网设备由 XX 部门负责拆除。

第七条 接入互联网的电脑应与内网物理隔离，严禁在外网计算机上处理涉密文件和工作秘密信息。

第八条 在外网计算机上使用的移动存储介质禁止在内网和涉密网中使用，杜绝发生 U 盘交叉使用（混用）的现象。

第九条 上网人员要自觉接受身份认证和 IP 绑定技术对个人上网活动的安全监督检查，严禁擅自改动单位分配的 IP 地址。

第十条 及时对外网计算机操作系统补丁进行更新。

第十一条 上网人员要提高恶意代码防范意识，在接收文件或邮件之前，必须先进行恶意代码检查。

第十二条 上网人员应自觉学习国家有关法律法规，严禁在外网计算机上使用涉密存储介质（如光盘、U 盘、移动硬盘等）。

第十三条 不得利用互联网危害国家安全、泄露国家秘密，不得侵犯国家的、社会的、集体的利益和公民的合法权益，不得从事违法犯罪活动。违反国家明文禁止行为的，按国家有关法规和相关纪律处分规定追究责任。

第十四条 应当建立健全信息上网保密审查制度，指定机构和专人对拟在互联网及其他公共信息网络发布的信息进行保密审查并建立审查记录档案，具体参照《XX 单位信息系统信息发布制度》执行。

第十五条　本制度由 XXXX 负责解释。

第十六条　本制度自发布之日起生效执行。

附件：1.开通外网申请表

附件 1

开通外网申请表

申请人姓名		所在部门	
申请原因：			
部门领导意见： 　　　　　　　　　　　　　　　　　　　　　负责人（签章）：			
XX 部门审核意见： 　　　　　　　　　　　　　　　　　　　　　负责人（签章）：			
外网接入安全管理承诺 1、自觉遵守国家计算机信息网络安全管理的有关法律和行政法规。 2、自觉遵守我单位国际互联网使用管理制度。 3、所申请的外网仅供本人使用。 4、申请人确认上述承诺，如有违反愿接受相应处罚。 　　　　　　　　　　　　　　　　　　　　　申请人签字： 　　　　　　　　　　　　　　　　　　　年　　月　　日			

（二）某单位内网安全管理制度

内网安全管理制度
第一章　总　则

第一条　为加强内部计算机网络（即政府部门内部计算机网络，以下简称内网，网内的计算机以下统称为内网计算机，使用人员以下统称为内网用户）的使用和管理，保障内网的安全稳定运行，根据国家法律、法规和相关规定，结合本单位实际，制定本制度。

第二条　本制度规范的内容包括：网络管理、终端管理、用户管理、介质管理和安全事件报告。

第三条　XX 部门是内网管理工作的主要责任部门，负责内网的网络管理和维护保障工作。

第四条　内网的使用范围覆盖需要在党政内网处理的所有事务和应用系统。包含但不仅限于：公文交换、公务员之窗、组织人事管理、内网门户发布、内部考勤、党员干部远程教育等。

第二章　网络管理

第五条　内网必须与国际互联网实行物理隔离并进行分级、分层、分域管理。将内网信息系统及相应的局域网（业务专网）划分为独立可管理和控制的安全域，不同的安全域应采取相应的安全策略和保护手段。

第六条 利用内网安全与应用支撑平台，实行内网用户、资源的统一注册管理，并为单位信息系统的安全和安全域防护提供身份鉴别、授权管理、边界防护等公共安全技术手段。

第七条 指定机构和专人对拟在内网发布的信息进行保密审查并建立审查记录档案，具体参照《XXX 单位信息系统信息发布制度》执行。

第八条 按国家相关要求定期开展信息安全等级保护和风险评估工作，排除信息系统安全隐患。对于集中处理工作秘密的信息系统可以参照秘密级信息系统的分级保护相关要求实施安全防护。

第九条 内网应配置独立的交换机，内网综合布线须参照《涉及国家秘密的信息系统分级保护技术要求》中的相关要求。

第十条 内网信息系统利用公网（PSTN、ISDN、ADSL、DDN、X.25、帧中继、ATM、SDH 等）进行远程传输时，必须使用 VPN 技术和 IP 密码机实行加密处理。

第十一条 内网因工作需要与其他网络进行连接，连接方式和设备必须满足国家保密部门的密码要求。

第十二条 内外网因工作需要进行数据交换时，必须采用符合国家保密部门要求的方式（如刻录光盘）或设备（如保密部门认可的安全移动存储介质管理系统）。

第十三条 通过部署统一的补丁升级系统、防病毒系统、漏洞扫描系统、网页防篡改系统、存储备份系统、容灾系统，建立与应用相适应的安全策略，全面加强主机和应用系统安全。

第十四条　建立监控、备份恢复、应急处理、安全审计、安全事件报告等工作制度。技术部门通过监控机房、网络、主机、应用、数据等运行状态，主动发现安全隐患，及时采取相应措施，尽快恢复受影响或被中断的应用服务。

第三章　终端管理

第十五条　内网计算机必须安装保密部门认可的违规上互联网监控软件。

第十六条　内网计算机应采用"双布线双用户终端"或"双布线双硬盘单用户终端"的隔离卡物理隔离解决方案。

第十七条　严禁在内网计算机上使用无线网卡、键盘、鼠标、蓝牙等一切无线设备。

第十八条　严禁在内网非涉密系统中发布涉密信息，内网计算机不得存储、处理、传输国家秘密信息，非涉密移动存储介质不得存储国家秘密信息。

第十九条　严禁在内网计算机上连接手机、相机、USB 存储介质、录音笔等一切非授权的可存储或连接其他网络的外置设备。

第二十条　内网计算机须启用屏幕保护程序并设置恢复密码，屏幕保护的闲置时间设置为 10 分钟以内。

第二十一条　内网计算机必须保证密码安全。内网计算机和应用系统密码需定期修改，密码长度不少于 8 位，并由字母、数字和特殊字符混合组成。

第二十二条　及时对内网计算机操作系统补丁和防病毒软件病毒库进行更新，定期对计算机进行全盘扫描、杀毒。

第四章　用户管理

第二十三条　内网用户应定期接受保密教育和培训，建立完善的人员安全监管制度。

第二十四条　对内网用户进入网络的行为实行安全准入管理制度。安全准入行为管理包括便携式计算机、台式计算机、移动存储介质、打印机等设备的注册，外来软件的安装等。

第二十五条　内网用户不得私自安装与工作无关的软件，如需安装非工作需要的软件必须向 XX 部门申请。

第二十六条　内网用户不得擅自更改内网计算机系统设置，如计算机名、IP 地址、用户名等。

第二十七条　内网用户不得通过拨号、无线网卡等方式连接国际互联网。

第二十八条　定期组织对内网信息系统的安全保密检测和检查，加强对内网安全、保密技术知识的教育和培训。

第五章　介质管理

第二十九条　内网计算机必须使用安全移动存储介质管理系统。

第三十条　指定专人负责安全移动存储介质管理系统的保管、发放、登记管理等，建立介质资产清单，落实安全责任制度，明确责任主体。

第三十一条　内网计算机及安全移动存储介质改变用途或报废之前，须将硬盘或移动存储介质彻底销毁，以保证信息安全。

第三十二条　内网安全移动存储介质的维修、报废，先报主管领导审批，由专人负责登记备案后，再进行维修、报废处理。

第六章　安全事件报告

第三十三条　内网用户发现安全事件已经发生或可能发生时，应立即采取补救措施并及时报告 XX 部门。

第三十四条　XX 部门接到报告后，应在第一时间进行处理，并及时向上级领导部门报告。

第三十五条　内网用户对本人的行为负责；各部门负责人负有管理、监督本部门人员遵守本办法的责任。

第三十六条　违反本制度规定的，由管理部门或管理人员及时报告 XX，XX 根据违规情况按有关法规追究责任。

第七章　附　则

第三十七条　本制度由 XXXX 负责解释。

第三十八条　本制度自发布之日起生效执行。

（三）某单位信息安全事件管理办法

信息安全事件管理办法

第一条　信息安全事件分类如下所示：

1、有害程序事件：

包括计算机病毒事件、蠕虫事件、特洛伊木马事件、僵尸网络事件、混合攻击程序事件、网页内嵌恶意代码事件等。

2、网络攻击事件：

包括拒绝服务攻击事件、后门攻击事件、漏洞攻击事件、网络扫描窃听事件、网络钓鱼事件、干扰事件等。

3、信息破坏事件：

包括信息篡改事件、信息假冒事件、信息泄露事件、信息窃取事件、信息丢失事件等。

4、信息内容安全事件：

（1）违反宪法和法律、行政法规的信息安全事件；

（2）针对社会事项进行讨论、评论，形成网上敏感的舆论热点，出现一定规模炒作的信息安全事件；

（3）组织串连、煽动集会游行的信息安全事件。

（4）设施和设备故障：

1）硬件设备的自然故障、软硬件设计缺陷或软硬件运行环境发生变化等导致信息安全事件；

2）由于保障信息系统正常运行所必需的外部设施出现故障而导致的信息安全事件，如电力故障；

3）人为破坏事故。

（5）灾害性事件：

包括水灾、台风、地震、雷击、坍塌、火灾、恐怖袭击等。

（6）其他事件。

第二条 按照信息安全事件造成的后果和影响的严重程度，将信息安全事件分为以下等级：

1、特别重大安全事件，指能够导致特别严重影响或破坏的信息安全事件，包括以下情况：

a）会使特别重要信息系统遭受特别严重的系统损失；

b）产生特别重大的社会影响。

2、重大安全事件，指能够导致严重影响或破坏的信息安全事件，包括以下情况：

a）会使特别重要信息系统遭受严重的系统损失，或使重要信息系统遭受特别严重的系统损失；

b）产生重大的社会影响。

3、较大安全事件，指能够导致较严重影响或破坏的信息安全事件，包括以下情况：

a）会使特别重要信息系统遭受较大的系统损失，或使重要信息系统遭受严重的系统损失、一般信息系统遭受特别严重的系统损失；

b）产生较大的社会影响。

4、一般安全事件，指不满足以上条件的信息安全事件，包括以下情况：

a）会使特别重要信息系统遭受较小的系统损失，或使重要信息系统遭受较大的系统损失、一般信息系统遭受严重或严重以下级别的系统损失；

b）产生一般的社会影响。

第三条 安全事件处置流程是

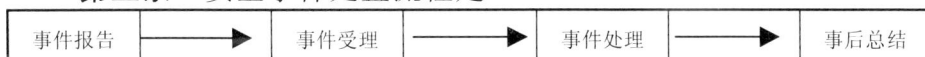

| 事件报告 | ➡ | 事件受理 | ➡ | 事件处理 | ➡ | 事后总结 |

第四条 安全事件处理各环节责任人及职责说明如下表所示：

责任人	职责说明
信息安全事件报告人	◇ 信息安全事件报告
安全事件管理相关负责人	◇ 受理和记录信息安全事件 ◇ 将安全事件分配到技术人员进行处理 ◇ 记录归档
安全事件处理人员	◇ 对信息安全事件进行处理
XX 部门负责人	◇ 安全事件的统计分析 ◇ 采取纠正预防措施
上级部门	◇ 协调安全事件的处理

第五条　安全事件报告程序：

1、发现一般安全事件时，由 XX 部门安全事件管理相关负责人受理并记录归档、安全事件处理人员进行处理，并上报相关负责人；

2、发现较大安全事件时，首先报 XX 部门相关负责人，由安全事件处理人员进行事件处理，处理完毕上报相关负责人；

3、发现重大安全事件或特别重大安全事件时，应报 XX 部门领导及相关负责人，联系维护支撑单位协助处理安全事件，处理完毕上报 XX 部门领导及相关负责人。

第六条　XX 部门负责人组织、跟踪信息安全事件的处理和完成情况，并针对安全事件进行原因分析，针对安全缺陷进行统计分析，并对事件及缺陷采取纠正、预防等措施。

第七条　本制度由 XXXX 负责解释。

第八条　本制度自发布之日起生效执行。

（四）某单位信息系统信息发布制度

信息系统信息发布制度

第一条　为促进信息系统信息发布、审核工作的规范化、制度化，保障信息系统发布信息的权威性、及时性、准确性、严肃性和安全性，结合本单位实际，制定本制度。

第二条　本制度适用于信息系统（如：门户网站）应当公开或

需要公开的所有信息发布，在正式发布前，必须进行预先审核。

第三条　发布的信息应具有较强的时效性，保证信息内容的真实性、准确性、完整性和安全性。

第四条　发布信息应遵循"审核严谨，流程规范，源头可溯，依法公开"的原则。

第五条　拟发布信息内容必须进过内部初审，重点是对拟发布信息内容的准确性、完整性、时效性、是否涉密等进行审核；主管领导对信息进行复审；审核通过后方可在门户网站上发布。

第六条　建立完善的信息发布登记制度，对发布的信息都应进行登记，登记的信息包含但不限于：日期、部门、信息简介、承办人等。

第七条　严格履行保密义务，不得发布违反国家法律及地方法规的信息，不得发布与党的各项方针、政策相违背的信息，不得制作和传播各类不健康信息，不得发布虚假信息。

第八条　对因审核不严导致信息公开内容失实、泄密、引发负面影响的，依照有关法律法规和规定追究相关人员责任。

第九条　制定专人负责信息系统信息复查工作，发现问题应及时通知有关负责人进行更正，造成不良影响的应追究相关人员责任。

第十条　本制度由 XXXX 负责解释。

第十一条　本制度自发布之日起生效执行。

附件：1. 信息发布审批登记表

2．信息发布保密审查登记表

附件 1、信息发布审批登记表

<table>
<tr><td colspan="2" align="center">信息发布审批登记表</td></tr>
<tr><td>编号：</td><td>填表日期： 年 月 日</td></tr>
<tr><td>信息发布人</td><td></td></tr>
<tr><td>所属部门</td><td></td></tr>
<tr><td>信息标题</td><td></td></tr>
<tr><td>信息类别</td><td></td></tr>
<tr><td colspan="2">信息内容：</td></tr>
<tr><td colspan="2">初审意见：

审核人签字：
年 月 日</td></tr>
<tr><td colspan="2">复审意见：

审核人签字：
年 月 日</td></tr>
</table>

附件 2、信息发布保密审查登记表

信息发布保密审查登记表		
编号：	填表日期： 年 月 日	
信息发布人		
所属部门		
信息标题		
信息类别		
信息内容：		
涉密审查内容		
1	工作敏感信息	发现□ 未发现□
2	国家秘密信息	发现□ 未发现□
3	国家机密信息	发现□ 未发现□
4	国家绝密信息	发现□ 未发现□
审查意见	审查通过，予以发布□	
	涉及敏感信息，暂缓发布□	
审查人（签章）：	年 月 日	

（五）某单位机房安全管理制度

机房安全管理制度

第一条 XX 部门负责机房安全管理制度的落实和实施，对制度的执行过程进行监督和检查。

第二条 机房管理员负责机房的日常维护、日常监控和日常管理。

第三条 严禁非机房工作人员进入机房，如因工作需要进入机房需经 XX 部门主管领导批准并由机房管理员带入。

第四条 进入机房人员不得携带任何易燃、易爆、腐蚀性、强电磁、辐射性、流体物质等对设备正常运行构成威胁的物品。

第五条 进入机房的人员必须完整填写《机房出入登记表》（后附样表），以备检查。

第六条 操作人员应随时监视设备运行状况，发现异常情况时应立即按照预案规程进行操作，并及时上报和做好详细记录。

第七条 任何人员未经许可不得擅自上机操作和对运行设备的各种配置进行更改。

第八条 严格执行密码管理制度，对操作密码进行定期修改，超级用户密码由系统管理员掌握。

第九条 机房工作人员应恪守保密制度，不得擅自泄露机房中的各种信息资料和资料数据。

第十条 保持机房安静，机房内严禁吸烟、喝水、吃食物、嬉戏和进行剧烈运动。

第十一条 不定期对机房内的消防器材、监控设备进行检查，以确保其有效性。

第十二条　严格按照有关操作流程对业务系统进行操作，对新上线业务及特殊情况需要变更流程的，应事先进行详细安排并书面报相关负责人批准签字后方可执行；所有操作必须记录存档。

第十三条　机房管理员必须密切监视中心设备的运行状况及各网点运行情况，确保信息系统安全、正常运行。

第十四条　严格按规章制度要求做好各种数据、文件的备份工作。核心服务器数据库要定期进行备份，并严格实行异地存放、专人保管。所有重要文档定期整理装订，专人保管，以备后查。

第十五条　机房的设备间和控制台隔离分设。未经负责人批准，不得在中心机房设备上编写、修改、更换各类软件系统及更改设备参数配置。

第十六条　各类软件系统的维护、增删、配置的更改，各类硬件设备的添加、更换必需经负责人批准后方可进行；必须按规定进行详细登记和记录，对各类软件、现场资料、档案整理存档。

第十七条　部门负责人不定期对制度的执行情况进行检查，督促各项制度的落实。

第十八条　本制度由XXXX负责解释。

第十九条　本制度自发布之日起生效执行。

附件：1．进入XXX申请书

2．机房出入登记表

3．机房巡检表

附件1、进入 XXX 申请书

进入 XXX 申请书			
申请人姓名		所在单位	
身份证号码		电话号码	
申请时间			
申请进入的重要区域			
进入事由：			
重要区域负责人意见： 签章： 年 月 日			
主管领导意见： 签章： 年 月 日			
陪同人员签字			

附件2、机房出入登记表

机房出入登记表					
日　期	进入时间	姓　名	部　门	事由及操作设备	离开时间

附件 3、机房巡检表

机房巡检表		
巡检时间：　　年　月　日		巡检人：
一、机房环境（检查地面、墙壁、天花是否有裂痕、水渍，机房内是否有鼠、蚁、蟑螂活动的痕迹，正常室温：20～25℃，正常湿度：40～70%）		
检查项	结论	情况摘要
温度	□正常 □异常	
湿度	□正常 □异常	
地面是否有裂痕、水渍	□正常 □异常	
墙壁是否渗水、有裂痕	□正常 □异常	
天花是否渗水、有裂痕	□正常 □异常	
有无鼠、蚁、蟑螂活动痕迹	□正常 □异常	
有无易燃易爆物品、异味和异响	□正常 □异常	
机房地板干净整洁	□正常 □异常	
二、周边设备		
检查项	结论	情况摘要
空调	□正常 □异常	
温湿监控器	□正常 □异常	
照明设施	□正常 □异常	
应急灯	□正常 □异常	
灭火器材	□正常 □异常	

机房巡检表		
巡检时间：　　年　月　日		巡检人：
三、网络设备、服务器		
检查项	结论	情况摘要
交换机端口标签，服务器标签，网线标签，电源线标签齐全，清晰明了	□正常 □异常	
防火墙网络通讯状况	□正常 □异常	
防火墙网络流量大于0%小于40%	□正常 □异常	
交换机数据指示灯状况	□正常 □异常	
网络通讯状况	□正常 □异常	
交换机端口及网线状况	□正常 □异常	
四、存在问题及处理或反馈情况记录（详细描述有关现象、设备品牌、型号等）：		

（六）某单位网络安全管理制度

网络安全管理制度
第一章　范围及职责

第一条　本制度适用于网络安全管理，包括：网络系统安全管理、账号管理、病毒防治管理、网络事件报告和查处。

第二条　XX 部门主要负责网络安全管理制度的制定和修订；

网络管理员负责网络维护。

第二章　网络管理

第三条　应在信息系统内外网网络边界部署防火墙、审计系统、IPS/IDS 等安全设备；对内部网络进行区域隔离、保护。重要的业务应用服务器区部署单独的防火墙进行保护。

第四条　内外网网络之间要实行物理隔离。如需进行数据交换时，应使用符合国家政策和保密部门认可的安全产品或技术措施进行数据传输。

第五条　所有在互联网发布的应用系统必须使用网页防篡改技术或专用安全设备进行保护,确保网站在受到破坏时能自动恢复。

第六条　所有在互联网发布的应用系统必须经过有资质的专业信息安全公司或第三方技术机构的安全测评,确保网站的安全性。

第七条　采用技术手段对网络接入进行控制。内部终端如因工作需要接入 Internet 或其他网络，应向所在部门领导提出申请，经批准后由网络管理员提供接入服务。管理员对接入端信息做详细登记并存档备案。外部人员如需接入网络，需由部门主管领导批准，再由网络管理员提供临时接入服务。

第八条　网络管理员负责网络拓扑图的绘制。若网络结构发生变化要及时更新拓扑图，确保网络拓扑图完整、真实。

第九条　未经 XX 部门主管领导批准，任何人不得改变网络拓扑结构、网络设备布局、服务器和路由器配置以及网络参数。

第十条 在未经许可的情况下，任何人不得进入计算机系统更改系统信息和用户数据。

第十一条 任何人不得利用计算机技术侵害用户合法利益，不得制作和传播有害信息。

第三章 运维管理

第十二条 对信息系统核心设备采取冗余措施（包括线路及设备冗余），确保网络正常运行。

第十三条 对网络、安全设备进行管理时须采用安全的方式（如加密、SSH 等），并严格控制可访问该设备的地址和网段。

第十四条 定期对网络系统（服务器、网络设备）进行漏洞扫描，并及时修补已发现的安全漏洞。

第十五条 根据设备厂商提供的更新软件对网络设备和安全设备进行升级，在升级之前要注意对重要文件的配置进行备份。

第十六条 定期对重要的网络、安全设备进行巡检，确保重要设施工作正常，并填写相关记录表单归档保存。若在巡检中发现安全问题要及时上报处理。

第十七条 定期对重要系统服务器和相关业务数据进行备份，备份数据应一式两份，分别进行保存管理。

第十八条 部署专用的网络审计设备记录网络访问日志，日志的最小保存期限不低于 60 天，且应保证无一天以上的中断。

第四章　账号管理

第十九条　对网络管理员、安全审计员等不同用户建立不同的账号，并对资源管理权限进行划分，以便于审计。

第二十条　网络账号、密码设计必须满足长度、复杂度要求，用户须定期更改密码以保障网络账户安全。

第二十一条　指定专人对服务器和网络设备的账号、密码进行统一登记，一式两份存档管理。管理员须严守职业道德和职业纪律，不得将任何账号、密码等信息泄露出去。

第五章　恶意代码防范

第二十二条　不得制造和传播任何计算机病毒。

第二十三条　网络服务器的病毒防治由网络管理员负责，网络管理员负责对各部门计算机的病毒防治工作进行指导和协助。

第二十四条　及时更新网络系统服务器病毒库，定期对服务器进行全盘扫描杀毒。

第二十五条　提高自身的恶意代码防范意识，在接收文件或邮件之前，必须先进行恶意代码检查。

第二十六条　已授权的外来计算机或存储设备在接入网络之前，必须对其进行恶意代码扫描。

第六章　恶意事件处理

第二十七条　发现制造病毒、故意传播病毒等行为，须立即通知 XX 部门，并协助有关部门进行调查。

第二十八条　发现恶意网络攻击行为，须立即通知 XX 部门，并协助有关部门进行调查。

第七章　附　则

第二十九条　本制度由 XXXX 负责解释。

第三十条　本制度自发布之日起生效执行。

（七）某单位信息系统运行维护管理制度

信息系统运行维护管理制度
第一章　范围及职责

第一条　本制度适用于信息系统的运行维护管理，包括：业务系统运维管理、备份和恢复、口令和权限管理、恶意代码防范管理以及系统补丁管理。

第二条　XX 部门负责信息系统运行维护管理制度的制定和修订；系统管理员负责信息系统的运行维护。

第二章 业务系统运维管理

第三条 对运行关键业务的系统进行监控。监控系统关键性能参数（如启动参数）、工作状态、占用资源和容量使用情况等内容。

第四条 不得随意重启业务系统服务器、相关网络设备和安全设备，尽量少安装业务无关的其它软件。

第五条 定期对系统日志进行审计、备份。

第六条 对主机系统上开放的网络服务和端口进行检查，发现不需要开放的网络服务和端口时及时通知相关管理员进行关闭。

第七条 对系统运行情况进行记录，每月对记录结果进行分析、统计，并形成分析报告向上级汇报。

第八条 开办交互式栏目的信息系统必须配备关键字过滤措施，防止出现有害信息和非法言论。

第九条 不同的业务系统应采取不同的保护措施，达到等级保护二级以上标准时应向网监部门提交备案申请并取得备案编号。

第十条 已在网监部门备案的信息系统要根据等级保护国标和上级主管部门的工作要求开展测评和整改工作。

第十一条 所有在互联网发布的信息系统都必须在公安部门进行备案登记。已备案信息系统应注意前次备案的有效期限，应在备案失效前再次向公安部门报送材料进行备案，保证信息系统备案状态的持续性。

第三章　备份与恢复管理

第十二条　按照业务数据的重要性，采取不同介质进行备份，如：专业存储阵列、磁带、硬盘、光盘等；备份介质要标注内容、日期、操作员和状态。

第十三条　备份介质（磁带、硬盘和光盘）要按照时间顺序保存。

第十四条　备份介质必须异地存放，存放环境要满足介质存储的安全要求。

第十五条　当介质超出有效使用期时，即使还能使用也要强制报废。

第十六条　按照备份策略，对不同业务数据采用不同备份方式，灵活运用完全备份、增量备份和差异备份等方式进行备份，保证信息系统出现故障时，能够满足数据恢复的时间点和速度要求。

第十七条　每次备份必须进行备份记录，对备份介质类型、备份的频率、数据量、数据属性等有明确描述，并及时检查备份的状态和日志，确保备份是成功的。

第十八条　定期对介质做恢复测试，至少一年两次。

第三章　口令、权限管理

第十九条　口令安全是保护信息安全的重要措施之一。口令规范如下：

1、保守口令的秘密性，除非有正式批准授权，禁止把口令提供给其他人使用；

2、避免记录口令（例如在纸上记录），除非使用了安全的保管方式（如保险柜）并得到了批准；

3、提高安全意识，当信息系统或账户状态出现异常情况时（如怀疑被入侵），应考虑立即更改口令；

4、设置高质量的口令并定期进行修改，禁止循环使用旧口令；

5、用户在第一次登陆的时候，须立即修改初始口令；

6、不能在任何登录程序中保存口令或启用自动登录，如在宏或功能键中存储口令；

7、网络设备或服务器、桌面系统的口令安全设置，必须遵守系统安全策略中的相关要求。

第四章　恶意代码防范管理

第二十条　所有计算机必须安装防病毒软件并实时运行。

第二十一条　及时更新防病毒软件和病毒特征库。严禁制造、引入或传播恶意软件（例如病毒、蠕虫、木马、邮件炸弹等）。

第二十二条　非本单位计算机严禁擅自接入规定业务以外的其他网络，如因工作需要接入的，须经 XXXX 批准和确认。

第二十三条　及时对计算机操作系统补丁进行更新。

第二十四条　新购置的、借入的或维修返还的计算机或存储介质，在使用前必须进行恶意代码检查，确保无恶意代码之后才能正式投入使用。

第二十五条　U盘、光盘以及其它移动存储介质在使用前必须进行恶意代码检测，严禁使用任何未经恶意代码检测过的存储介质。

第二十六条　计算机软件以及从其它渠道获得的电子文件，在安装使用前必须进行恶意代码检测，禁止安装或使用未经恶意代码检测的计算机软件和电子文件。

第二十七条　文件拷入计算机之前必须经过恶意代码扫描，文件拷贝的途径包括但不限于网络共享文件的拷贝、通过光盘、U盘等移动存储媒介的拷贝、从Internet下载文件、下载邮件等。

第二十八条　邮件的附件在打开之前必须进行病毒检测。收到来历不明的邮件时不要打开附件，应确认文件安全或直接删除。

第五章　系统补丁管理

第二十九条　定期对信息系统进行漏洞扫描，对发现的信息系统漏洞和风险进行及时修补。

第三十条　每季度对信息系统设备（包括：主机、网络设备、数据库等）至少进行一次漏洞扫描，并对扫描报告进行分析和归类存档。

第三十一条　定期检查信息系统的各种补丁状态，并及时更新。

第三十二条　在安装信息系统各类补丁前须对补丁的兼容性和安全性进行评估和检测,确保新补丁不影响信息系统的正常运行。

第三十三条　当出现应对高危漏洞的信息系统补丁时，应在第一时间组织补丁的测试工作，并对漏洞进行修补。

每月根据收集情况安排补丁分发，如遇紧急更新，第一时间进行分发。

第六章　附　则

第三十四条　本制度由XXXX负责解释。

第三十五条　本制度自发布之日起生效执行。

附件：1.备份计划表

2.数据恢复测试计划表

附件1、备份计划表

备份计划表

机房名称	备份业务/系统	备份频率、备份类型	备份文件名/目录	责任人	备份保存期限	保存方式	审核检查	备注

附件 2、数据恢复测试计划表

数据恢复测试计划表

备份业务/系统	测试目标与内容	测试时间	责任人	测试方式	审核检查	备注

（八）某单位信息系统用户管理制度

信息系统用户管理制度

第一章　范围及职责

第一条　本制度适用于信息系统用户的管理，包括：岗位配置原则、人员录用及调（离）岗、授权管理、安全培训教育、第三方人员管理。

第二条　XX 部门负责信息系统用户管理制度的制定和修订。

第二章　岗位配置原则

第三条　根据信息系统职能要求，结合信息部门实际情况进行人员配备，权限、职能不同的角色必须分离，避免权责不清、责任不明确的现象发生。其中，系统管理员不能兼任安全审计员。

第四条 重要岗位实施角色备份制度，在合理设置工作岗位、完善工作职责的基础上，在相近岗位之间，实行顶岗或互为备岗制，以便能及时处理紧急任务。

第五条 各岗位工作人员安排

为确保信息安全工作的顺利开展，保障信息系统的正常运行，须设置安全管理员、系统管理员、网络管理员、机房管理员、安全审计员和信息审查员并明确其工作职责。

第三章 人员录用及调离

第六条 相关信息安全职责在岗位说明书中予以明确，各部门负责人根据已批准的岗位说明书和部门人员配置要求，填写相关申请，统一招调。

第七条 所有信息系统相关岗位均要签署保密协议，关键岗位人员必须从内部人员中选拔。

第八条 对被录用人的身份、背景、专业资格和资质等进行审查，当人员处理涉密信息或涉及高敏感性的信息或担负重要岗位时，应进行更严格的政审。

第九条 人员调离时必须更换或归还之前发放的身份证件、钥匙、单位提供的软硬件设备及文档资料等资产，并办理详尽的交接手续。

第十条 人员调离时必须终止其所有的访问权限，涉及相关信息系统账号、口令时，先采取更换密码或冻结账号的措施，避免直接删除账号。

第十一条 人员调（离）岗时必须签署保密承诺书，承诺在调（离）岗后根据保密承诺书的内容履行相关的保密责任和义务，涉密人员实行脱密期管理制度。

第十二条 对未办理正常交接手续离岗的人员，及时进行信息安全风险评估并由专人跟进处理，保证信息系统的安全和业务连续性。

第十三条 建立完善的奖惩机制，对违反信息安全策略或规定的人员，给予正式纪律处理，对信息安全工作表现优异的人员，给予适当激励。

第十四条 与上级信息安全管理部门、信息系统服务商和宽带提供商（如电信、网通等）保持适当联系，确保在发生信息安全事故和查处危害内部信息安全的违法犯罪行为时能够得到及时响应和必要帮助。

第四章 授权管理

第十五条 权限的分级应遵循以下原则。

1. 符合业务安全需求；

2. 遵循最小权限原则；

3. 系统管理员分配超级权限，一般用户则分配普通权限。

第十六条　所有账号注册都必须通过申请才能开放。申请人提出权限申请，提交《用户权限审批和修改表》给 XX 部门审批，审批同意后才能开通相应的权限。每个用户必须被分配唯一的账号，账号名不能透露用户的权限信息，不允许共享账号。

第十七条　所有系统都应该建立应急账号，应急账号数据必须放在密封的信封内妥善收藏，并控制好信封的存取。在使用后必须立刻修改，然后把新的密码装到信封里。

第十八条　人员调职、离职时，亦需提交《用户权限审批和修改表》XX 部门审批，该员工的所有账号必须在最后上班日之前注销或修改。当注销账号时，必须确保已取消其相关的系统权限。

第十九条　每 3 个月对重要系统特权用户及权限进行审计，每 6 个月对各系统的普通用户及权限进行审计（权限审计将重点关注权限与岗位是否匹配、权限的分配、变更、注销记录是否完整）。在权限审计完成后，填写《权限审查表》。对审查过程发现的问题责成改进。

第二十条　每 3 个月提交权限变更汇总记录，XX 部门负责人对提交的报表数据进行审核，对审查过程发现的问题责成改进。

第五章　安全培训教育

第二十一条　各岗位人员必须清楚自己的安全职责，了解各自的工作职能范围和责任义务。

第二十二条　制定安全教育和培训计划、记录培训具体内容和培训结果以及参加培训人员，在培训结束后把培训相关记录材料整理归档。

第二十三条　根据各个岗位的业务应用、安全意识和保密意识需求制定培训计划，定期组织安全教育和培训。

第二十四条　各岗位人员要积极参与单位组织的内、外部信息安全交流和培训，提升信息安全意识和专业水平。

第二十五条　定期对各岗位人员进行安全理论知识和安全技能水平的考察。

第六章　第三方人员管理

第二十六条　为加强与信息安全公司、产品供应商、业界专家、安全组织的沟通与合作或应急响应，应建立详细的外联单位联系表（内容至少包括外联单位的名称、联系人、地址、联系方式等）。

第二十七条　第三方人员对敏感信息资产进行访问前，必须签订正式的合同及保密协议；在合同和保密协议中明确第三方人员的安全责任、必须遵守的安全要求以及违反要求的处罚等条款，对其允许访问的区域、系统、设备、信息等内容应有明确的规定。

第二十八条　需要访问信息系统的第三方人员必须得到有关部门和领导的许可、授权，其访问权限必须得到严格的限制。第三方人员使用的工具需经过相关部门的安全检查。

第二十九条　与第三方人员共同协定现场工作规范并按照既定规范实施管理、落实运维人员或终端责任人全程陪同的策略以降低风险。

第三十条　在第三方人员进行远程访问之前，要严格鉴定访问者的身份，确保访问者为已授权人员。

第三十一条　负责第三方人员接待和管理的部门在第三方人员访问结束之后，要及时收回相关物品、资料并且终止其访问权限。

第三十二条　负责接待第三方人员的工作人员须有相应信息安全教育培训经验，并且具备良好的安全意识和风险识别能力。

第三十三条　应选择具有公安部门、保密部门、密码管理部门资质认证的第三方公司进行信息安全合作，保障系统安全。

第七章　附　则

第三十四条　本制度由 XXXX 负责解释。

第三十五条　本制度自发布之日起生效执行。

附件：1．安全保密责任书（在岗人员）

2．保密承诺书（离岗人员）

3．信息安全培训计划表

4．信息安全培训记录表

5．用户权限审批和修改表

附件1、安全保密责任书（在岗人员）

安全保密责任书
（在岗人员）

为做好本单位的保密工作，确保单位敏感信息和国家秘密的安全，特制定本保密责任书。

一、个人信息提供

本人保证，涉密资格审查时提供的所有个人信息都是真实的，没有任何虚假、伪造或隐瞒。

二、岗位职责

（一）积极参加保密教育和培训，完成规定的学时要求，认真学习、掌握并严格执行保密法律、法规、规章和本单位、本部门的保密规定；

（二）依法确定、使用和管理单位敏感信息、国家秘密及其载体，确保单位敏感信息和国家秘密的绝对安全；

（三）负责所在涉密场所保密安全防范措施的执行并确保落实；

（四）严格按照保密工作部门有关手机使用保密管理规定的要求使用和管理手机。

三、行为规范

本人保证，不做出下列行为：

（一）以任何方式非法向知悉范围以外的人员泄露单位敏感信

息和国家秘密；

（二）违规记录、存储、复制、携带单位敏感信息或国家秘密，违规持有单位敏感信息或国家秘密载体；

（三）未经单位审查批准，擅自发表涉及未公开工作内容文章、著述；

（四）擅自移交信息系统敏感资料、或透露信息系统相关敏感信息；

（五）在本单位以外的其他单位兼职，擅自向境外驻华机构、企业等提供信息咨询服务；

（六）发生泄密后隐瞒事实或不及时报告；

（七）参加社会非法组织或活动；

（八）其他违反保密规定的行为。

四、报告事项

遇有下列情形之一的，本人保证主动、及时向本单位保密工作部门或部门责任人报告：

（一）发生或发现泄密；

（二）有涉外婚恋行为；

（三）拟因私出国（境）或到境外定居；

（四）有直系亲属在国（境）外学习、工作和定居；

（五）与国（境）外人员非公务交往情况；

（六）拟辞职脱离本岗位；

（七）其他可能影响履行保密职责的重大事项。

五、出境审批

依照保密规定，本人因私出境须按程序由本单位批准同意。否则，不得擅自出境。

六、保密监督

自觉接受保密监督、检查、管理和考核，配合做好相关工作，履行岗位保密职责。

七、离岗要求

本人离岗脱密期确定为_____。如离岗应签署《保密承诺书》，并保证严格执行脱密期规定及限制。

八、法律责任

如果本人未能履行保密义务和职责，违反保密规定，致使本岗位存在重大泄密隐患或发生泄密，本人将按照有关规定承担相应的党纪、政纪责任；情节严重的，承担相应的刑事责任。

九、享有权利

（一）拒绝执行违反保密规定的指示、指令和要求；

（二）制止违反保密规定的行为；

（三）举报、控告泄密行为；

（四）向保密工作部门如实反映本单位保密工作情况；

（五）对本岗位的保密工作提出建议；

（六）享受相应的岗位津贴和政治待遇；

（七）参加保密业务培训和保密组织活动；

（八）保密法律、法规、规章规定的其他权利；

（九）其他

本保密责任书自双方签字之日起生效，至离岗之日止。

本保密责任书一式三份，单位保密工作机构（组织）、人事部门和责任人各留存一份。

上述所有条款本人已仔细阅读，明白无误，无任何异议。

单位代表（签章）：

年　　月　　日

保密责任人（签名）：

身份证号码：

年　　月　　日

附件 2、保密承诺书（离岗人员）

保密承诺书
（离岗人员）

我已被告知各项保密制度，知悉应当承担的保密义务和法律责任。本人庄重承诺：

一、严格遵守国家保密法律、法规和规章制度，履行保密义务；

二、本人保证，在脱密期间及以后，除非得到合法授权或批准，永不泄露所知悉的单位敏感信息和国家秘密；

三、本人已履行了工作交接手续，保证没有私自留存任何单位敏感信息或国家秘密及其载体；

四、未经原单位审查批准，不擅自发表涉及原单位未公开工作内容的文章、著述；

五、在脱密期间，保证不受聘、受雇于境外及境外驻华机构、组织、企业、人员或为其提供信息咨询服务；

六、在脱密期间，本人因私出境须依照保密规定和程序申报，未经批准不擅自出境；

七、自愿接受脱密期管理，自___年___月___日至___年___月___日服从有关部门的保密监督；

八、自愿如实提供联系方式，联系电话_____,常住地址_____, 如有变动及时告知原单位；

九、违反上述承诺，自愿承担党纪、政纪和法律后果；

十、本离岗保密承诺书一式三份，单位保密工作机构（组织）、人事部门和承诺人各留存一份，自签字之日起生效。

上述所有条款本人已仔细阅读，明白无误，无任何异议。

承诺人（签名）：

身份证号码 ：

年　　月　　日

附件 3、信息安全培训计划表

信息安全培训计划表		
	填表日期： 年 月 日	
培训名称		
培训类别	□理论 □操作	
培训人数	培训地点	
培训时间	年 月 日 至 年 月 日	
课时安排：		
课程内容简介：		
培训教师安排：		
培训所用材料：		
培训计划人		

附件 4、信息安全培训记录表

<table>
<tr><td colspan="5" align="center">信息安全培训记录表</td></tr>
<tr><td colspan="5" align="right">填表日期：　　年　　月　　日</td></tr>
<tr><td>培训名称</td><td colspan="4"></td></tr>
<tr><td>培训类别</td><td colspan="2"></td><td colspan="2">□理论　□操作</td></tr>
<tr><td>培训人数</td><td></td><td>培训地点</td><td colspan="2"></td></tr>
<tr><td>培训时间</td><td colspan="4">年　月　日　至　　年　月　日</td></tr>
<tr><td>培训教师</td><td colspan="4"></td></tr>
<tr><td colspan="5">培训内容概要：

</td></tr>
<tr><td colspan="5">参与培训人员签到</td></tr>
<tr><td>姓名</td><td>部门</td><td>姓名</td><td colspan="2">部门</td></tr>
<tr><td></td><td></td><td></td><td colspan="2"></td></tr>
<tr><td></td><td></td><td></td><td colspan="2"></td></tr>
<tr><td>培训考核形式</td><td colspan="2"></td><td colspan="2">□笔试　□其他</td></tr>
<tr><td>培训考核合格率</td><td colspan="4"></td></tr>
</table>

附件 5、用户权限审批和修改表

用户权限审批和修改表

申请联系人信息	姓名		单位/部门				
	岗位		联系电话				
涉及权限变更的人员信息	姓名	部门/岗位			联系电话	需要变更的系统	备注
变更原因							
用户访问权限变更描述							
使用部门审核意见	签名：						
应用管理部门审核意见	签名：						
执行信息							
系统管理员	签名：						
备注：							

（九）某单位信息资产和设备管理制度

信息资产和设备管理制度
第一章　范围及职责

第一条　本制度适用于信息资产的管理，包括：获取、分类、使用和处置以及安全设备的管理。

第二条　本制度中的信息资产是指可以存储信息数据的信息载体，包括：硬件、软件、数据（电子数据）、文档（纸质文件）、人员、服务设施、其他。

第三条　XX 部门主要负责信息资产的分类、汇总、使用与处置方法，以及安全设备的选型、检测、安装、登记、使用、维护和储存。

第四条　计算机资产统计信息的范围包含但不限于：计算机主机名、IP 地址、MAC 地址、使用人/责任人、所属部门、物理位置、服务器的内外网 IP 对应等。

第二章　信息资产的获取

第五条　软件、硬件设施、服务性设施等的获得主要以采购的方式获得，采购按照有关规定进行采购和验收。

第六条　数据信息资产的获得来源主要为：外包供应商、市场信息、其他信息。

第三章 信息资产的分类

第七条　各部门根据业务流程列出信息资产清单并将每项资产的资产类别、信息资产编号、资产现有编号、资产名称、所属部门（组别）、管理者、使用者、地点等相关信息记录在资产清单上。

第八条　资产的分类原则和编号原则如下：

1、硬件

1）计算机设备：电脑（台式机、笔记本）、服务器；

2）存储设备：磁带机、磁盘整列、磁带、光盘、软盘、移动硬盘等；

3）网络设备：路由器、交换机、网关、程控交换机等；

4）传输线路：光纤、双绞线、电话线（布线）、电源线；

5）安全设备：硬件防火墙、入侵检测、网络隔离设备（如网闸）、身份验证等；

6）办公设备：打印机、复印机、扫描仪、传真机、碎纸机、写字白板、应急照明设备等；

7）保障设备：动力保障设备（UPS、变电设备）、空调、保险柜、文件柜、门禁、消防设施等；

8）其他设备。

2、软件

如：操作系统、系统软件（office/AutoCAD）、应用软件（生产软件）、网管软件、杀毒软件、财务软件、开发工具和资源库等；

3、电子数据

存在电子媒介的各种数据资料，如：源代码、数据库数据、各种数据资料、系统文档、运行管理规程、计划、日周月报告、财务报告（电子版本）、用户手册、方案、电子设计图纸等；

4、纸质文件

纸质的各种文件，如：传真、电报、合同、纸张图纸等；

5、服务性设施

如：供电、供水、保洁、门禁、消防设施等；

6、人员

如：各级领导、各级正式雇员、临时雇员等；

7、其他。

第九条 按照《涉及国家秘密的信息系统分级保护技术标准》和信息安全管理体系建设要求，按照信息资产的公开和敏感程度，将信息资产划分为不同的保护等级，并对不同等级的信息资产进行保护，确保信息安全。各部门要将所有的移动介质和电子文件按照敏感性和重要程度分为不同的保护等级，保密级别与保密期限由持有人自行定义。

第十条 识别各个流程的各类关键信息资产，最终 XX 部门汇总，并每半年进行一次更新，确保重要信息资产的完备性（重要信息资产没有遗漏和缺失）和准确性（信息资产的保密级别和重要程度能够真实反映信息资产的状态）。

第十一条　对信息资产进行编号，同时对重要信息资产进行标识：文档需有固定版本编号规则；硬件设备粘贴在设备明显位置处。

第四章　信息资产的使用和处置

（一）硬件资产的使用和处置

第十二条　硬件的使用处置包括购买或接收、使用（交接、维修、重用）、处置等有关内容。

第十三条　购买新的硬件设备或者从其他部门接收转移的设备时，要核对设备清单，对相关设备进行测试验证，然后登记。由资产管理员对硬件设备进行管理，明确设备管理职责。

第十四条　硬件资产的保存

1、机房选址要避免在地下室、一楼（水淹和渗水）和顶层（渗水和失火时火向上燃烧），同时考虑相邻楼层的活动（避免热源和渗水）；

2、处理敏感数据的信息处理设施放在适当安全的位置，以减少在设备在使用期间信息被窥视的风险，保护储存设施以防止未授权访问；

3、设备的选址应采取控制措施以减小潜在的物理威胁的风险，例如偷窃、火灾、爆炸、烟雾、水（或供水故障）、温度、湿度、尘埃、振动、化学影响、电源干扰、通信干扰、电磁辐射和故意破坏；

4、禁止在信息处理设施附近进食、喝饮料和抽烟；

5、对专门保护的部件要予以隔离，以满足特殊安全要求。

第十五条 硬件资产的日常使用安全

1、所有的硬件资产必须明确设备的使用人员和管理人员，明确职责；

2、硬件资产的使用人或管理人，在使用或管理硬件资产时，要注意硬件资产的安全性、机密性、完整性，防止信息载体的毁坏和信息的泄密，防止信息处理设施的滥用；

对设备定期进行维护保养，发生毁坏，丢失等问题时能够及时处置；

3、新硬件设备接入网络按照相关规定处理；

4、在人员上岗时，可根据需要为上岗人员配备必要的办公设备，包括电脑（笔记本或台式机），电话机，其它办公用品；XX 部门根据该工作人员所处部门、工作性质为其设置相应的办公网访问权限；

5、需要使用移动计算设备（包括笔记本、无线网卡、移动硬盘和 U 盘）的用户，应得到 XX 部门负责人的同意后方可使用；

6、对于无人职守的设备，要明确管理人员，加强物理安全控制。

第十六条　硬件资产的转移安全

1、当设备迁移时，必须先对设备中存储的重要信息进行备份；

2、设备迁移完成后，必须检查设备是否损坏；

3、设备迁移出本单位时，设备中禁止存放重要信息，以防止机密信息泄露或泄露的风险增加。

第十七条　办公地点外使用任何信息处理设备必须通过管理者授权，场外设备的保护要考虑下列内容：

1、离开本单位的设备和介质（如现场的设备和介质，或者公共场所放置的需要有人值守或监视系统）），必须有人值守或委派负责人；

2、制造商保护设备用的说明书要始终加以遵守，例如，防止暴露于强电磁场内；

3、根据风险的不同采取足够的安全保障措施，以保护离开办公室设备的安全。

第十八条　硬件资产的处置和重用

1、存储设备销毁前，必须确保所有存储的敏感数据或授权软件已经被移除或安全重写；

2、服务器、主要网络设备的处置由 XX 部门进行安全处置；

3、台式机、打印机、传真机、扫描仪等 IT 设备的处置由 XX 部门进行并做登记；

4、如需报废时，应向主管部门提出报废申请，经批准后报废。

（二）软件资产的使用和处置

第十九条 软件资产的使用

1、所有的软件资产必须设置专人管理，明确职责，避免软件资产的丢失、泄密；

2、所有正版软件实体由 XX 部门保管，在安装软件时要规定使用权限，防止非授权访问；

3、按照《系统运行维护管理制度》中"备份与恢复管理"章节要求，对重要系统进行备份；

4、当人员离职或岗位变动，需要回收有关的软件，必要时由 XX 部门技术人员对离职人员使用的软件进行卸载、删除。

第二十条 软件资产的处置：对过时或确认无效的软件资产，定期进行清除。

（三）电子数据的使用和处置

第二十一条 电子数据的使用和处置

1、对所有电子数据进行分类、分级，标识未授权人员的访问限制，不同安全级别的数据应存储在不同的区域，按类按级传达，便于信息的安全管理；

2、不同类型的电子文件按照统一规律存放在个人电脑或服务器中，便于整理和查阅以及工作交接时转移；

3、重要的电子数据要使用可靠的加密手段进行保护；

4、所有电子文件保存在电脑或服务器中，应根据业务实际需要选择不同的备份频率（周/月/季/年）定期进行备份并保证备份数据的完整性和可用性；

5、备份数据与原始数据分开存放，严禁直接在同一主机或服务器上保存，应存放在外部带锁的文件柜或保密柜中；

6、对于存于服务器上的电子数据的访问，根据服务器提供服务的不同与部门或职务的不同，设置不同的访问权限，避免非授权访问；

7、对于内部公开级别的电子信息，其使用要控制在内部，禁止带出；

8、对于密件的处理应经过严格授权；

9、对于秘密级别以上的电子文件的使用，系统应进行审计；

10、对于秘密级别以上的电子文件的传输，必须采取适当的安全措施加以保护，如加密传输、分散传输等；

11、在整理电脑中的电子数据时，要小心操作，确认后再进行处理，避免由于误操作将有用的电子数据删除。

（四）纸质文档的使用和处置

第二十二条　纸质文档的使用

1、所有秘密级以上的纸质文件资料要（通过标签或其它方式）标识出资产的保密级别，分类存放，不同安全级别的纸质文件应按类按级传达，便于纸质文件的安全管理；

2、对于比较重要的纸质文件（机密级别以上）必须保存在带锁的文件柜或保险柜中，钥匙由专人保管；

3、对于纸质文件的保存期限依据实际要求制定和实施；

4、对于比较重要的纸质文件的使用过程，必须注意信息的保密，确保信息的完整性和可用性；

5、对于比较重要的纸质文件的传输，必须采取适当的安全措施加以保护，如专人递送、分散传输等。

第二十三条　纸质文档的处置

1、实体数据资料达到保存期限后，必须将其撕毁或者粉碎到读不出来为止，避免实体数据资料的泄密；

2、对于重要纸质文件的销毁，如财务纸质文件，要求两人以上在场，防止信息的泄密。

（五）人员招调、在职、离职

第二十四条　所有人员的招调、在职、离职安全管理按照《用户管理制度》的要求进行实施。

（六）服务性资产的使用和处置

第二十五条　所有服务性资产要设置专人管理，定期维护，避免损坏、非授权使用或丢失。涉及服务性的合同，相关管理部门在签署合同时，应审核涉及信息保密的相关条款。

第二十六条　当服务性设施损坏，如果可以维修，由负责人联络相关人员进行维修，如果涉及到第三方，依据《用户管理制度》对第三方进行管理。

第二十七条　当服务性设施损坏，不可维修，只能报废时，应联络相关管理部门提出报废申请。

第五章　安全设备管理

（一）设备的选型

第二十八条　严禁采购和使用未获得销售许可证的信息安全产品。

第二十九条　应优先采用我国自主开发研制的信息安全技术和设备。

第三十条　避免采用境外的密码设备。

第三十一条　如需采用境外信息安全产品时，必须确保产品获得我国权威机构的认证测试和销售许可证。

第三十二条　使用经国家密码管理部门批准和认可的国内密码技术及相关产品。

第三十三条　终端物理隔离必须使用国家保密局认可的隔离卡或采用国家保密局认可的其他方式。

（二）设备检测

第三十四条　信息系统中的所有安全设备必须符合中华人民共和国国家标准《数据处理设备的安全》、《电动办公机器的安全》中规定的要求，其电磁辐射强度、可靠性及兼容性也必须符合安全管理等级要求。

（三）设备安装

第三十五条 设备符合系统选型要求并获得批准后，方可购置安装。

第三十六条 凡购回的设备均须在测试环境下经过连续 72 小时以上的单机运行测试和联机 48 小时的应用系统兼容性运行测试。

第三十七条 主机、服务器、网络设备、安全设备等上架运行前必须通过安全检测，禁止安装有默认操作系统的主机、服务器直接接入系统。

第三十八条 通过上述测试后，设备进入试运行阶段，试运行时间的长短根据业务需要动态设定。

第三十九条 通过试运行的设备才能接入生产系统，正式运行。

（四）设备登记

第四十条 对所有设备均应建立严格完整的购置、移交、使用、维护、维修和报废等记录，认真做好资产登记和管理工作，保证设备管理的正规化。

（五）设备使用管理

第四十一条 每台设备的使用均应指定专人负责并建立详细的运行日志。

第四十二条 由责任人负责进行设备的日常清洗及定期保养维护，做好维护记录，保证设备处于最佳状态。

第四十三条　保证设备在其适宜的使用环境下工作。

第四十四条　一旦设备出现故障，管理员如实填写故障报告，通知有关人员处理。

（六）设备维修管理

第四十五条　设备由专人负责维修，并建立满足正常运行最低要求的易损件的备件库。

第四十六条　根据每台设备的使用情况及系统的可靠性等级，制定预防性维修计划。

第四十七条　对系统进行维修时必须采取数据保护措施，安全设备维修时应有安全管理员在场。

第四十八条　对设备进行维修时必须记录维修对象、故障原因、排除方法、主要维修过程及维修有关情况等。

第四十九条　对设备应规定折旧期，设备到了规定使用年限或因严重故障不能恢复，由专业技术人员对设备进行鉴定和残值估价，并对设备情况进行详细登记，提出报告书和处理意见，由主管领导和上级主管部门批准后方能进行报废处理。

（七）设备储存管理

第五十条　设备储存环境应符合出厂标称要求。

第五十一条　建立详细的设备进出库、领用和报废登记。

第五十二条　必须定期对储存设备进行清洁、核查及通电检测。

第五十三条　安全产品及保密设备必须单独储存并有相应的保护措施。

第六章　附　则

第五十四条　本制度由 XXXX 负责解释。

第五十五条　本制度自发布之日起生效执行。

附件：1．内（外）网 PC 资产信息表

2．服务器内外网 IP 对应表

3．安全产品清单

附件 1、内（外）网 PC 资产信息表

内（外）网 PC 资产信息表						
序号	主机名	IP 地址	MAC 地址	使用人或责任人	所属部门	物理位置
1						
2						

附件 2、服务器内外网 IP 对应表

服务器内外网 IP 对应表			
序号	服务器名称	编号	IP 地址	功能描述
1			
2			
3			

附件3、安全产品清单

安全产品清单					
序号	产品名称	生产厂商	产品用途	部署位置	备注
1					
2					

（十）某单位信息系统安全审计管理制度

信息系统安全审计管理制度
第一章　工作职责安排

第一条　安全审计员的职责是：

1．制定信息安全审计的范围和日程；

2．管理具体的审计过程；

3．分析审计结果并提出对信息安全管理体系的改进意见；

4．召开审计启动会议和审计总结会议；

5．向主管领导汇报审计的结果及建议；

6．为相关人员提供审计培训。

第二条　评审员由审计负责人指派，协助主评审员进行评审，其职责是：

1．准备审计清单；

2．实施审计过程；

3．完成审计报告；

4．提交纠正和预防措施建议；

5．审查纠正和预防措施的执行情况。

第三条 受审员来自相关部门，其职责是：

1．配合评审员的审计工作；

2．落实纠正和预防措施；

3．提交纠正和预防措施的实施报告。

第二章 审计计划的制订

第四条 审计计划应包括以下内容：

1．审计的目的；

2．审计的范围；

3．审计的准则；

4．审计的时间；

5．主要参与人员及分工情况。

第五条 制定审计计划应考虑以下因素：

1．每年应进行至少一次涵盖所有部门的审计；

2．当进行重大变更后（如架构、业务方向等），需要进行一次涵盖所有部门的审计。

第三章 安全审计实施

第六条 审计的准备：

1．评审员需事先了解审计范围相关的安全策略、标准和程序；

2．准备审计清单，其内容主要包括：

1）需要访问的人员和调查的问题；

2）需要查看的文档和记录（包括日志）；

3）需要现场查看的安全控制措施。

第七条 在进行实际审计前，召开启动会议，其内容主要包括：

1．评审员与受审员一起确认审计计划和所采用的审计方式，如在审计的内容上有异议，受审员应提出声明（例如：限制可访问的人员、可调查的系统等）；

2．向受审员说明审计通过抽查的方式来进行。

第八条 审计方式包括面谈、现场检查、文档的审查、记录（包括日志）的审查。

第九条 评审员应详细记录审计过程的所有相关信息。在审计记录中应包含下列信息：

1．审计的时间；

2．被审计的部门和人员；

3．审计的主题 ；

4．观察到的违规现象；

5．相关的文档和记录，比如操作手册、备份记录、操作员日志、软件许可证、培训记录等；

6．审计参考的文档，比如策略、标准和程序等；

7．参考所涉及的标准条款；

8．审计结果的初步总结。

第十条 如怀疑与相关安全标准有不符合项的情况，审计员应记录所观察到的详细信息（如在何处、何时，所涉及的人员、事项，和具体的情况等）并描述其为什么不符合。关于不符合的情况应与受审员达成共识。

第十一条 在每项审计结束时应准备审计报告，审计报告应包括：

1．审计的范围；

2．审计所覆盖的安全领域；

3．审计结果的总结；

4．不符合项，不符合项的具体描述和相关证据；

5．纠正和预防措施的建议。

第十二条 不符合项是指与等级保护基本要求不一致的情况。产生不符合项可能是由于与相关的规定不一致，包括：

1．等级保护基本要求；

2．信息安全策略；

3．相关标准和程序；

4．相关法律条款；

5．本单位的相关规定；

6．任何其它在客户合同中规定的要求。

第十三条　不符合项可以细分为"主要"或"次要"。如果所发现的不符合项属于下列任何一种情况,此不符合项应被分类为"主要"的:

1．会导致系统、程序或控制措施整体失效;

2．操作过程没有形成标准的文档;

3．累计多个同一类型的"次要"不符合项;

4．对信息安全管理体系的未授权变更。

如果所发现的不符合项属于个别事件,此不符合项将被分类为"次要"的,例如:

1．未标识信息安全分类的文档;

2．没有被管理层审阅的事故报告;

3．不完整的变更记录;

4．不完整的机房进出记录。

第十四条　造成不符合项的原因可以分为以下几种:

1．其文档化的标准和程序与信息安全策略不一致;

2．实际的操作与文档化的标准和程序要求不一致;

3．实际的操作没有达到预期效果。

第四章　安全审计汇报

第十五条　召开审计总结会议,应总结汇报以下内容:

1．审计的目标和范围;

2．审计的时间；

3．参与审计的人员；

4．审计报告（包括纠正和预防措施的建议）；

5．提交审计报告的副本供受审员参考。

第十六条 在总结会议上，受审员应阐述任何疑问。

第五章 纠正和预防措施

第十七条 纠正和预防措施应该包括问题描述、根本原因、应急措施（可选）、纠正措施以及预防措施。

第十八条 受审员必须制定纠正和预防措施的实施计划。

第十九条 受审员应在规定时间内向评审员提交纠正和预防措施的实施报告。

第六章 审计纠正和预防措施的实施状况

第二十条 评审员应在受审员提交报告的 3 个月内，审计纠正和预防措施的实施状况。

第二十一条 审计纠正和预防措施应包括：面谈、现场检查、文档的审查以及记录（包括日志）的审查。

第二十二条 评审员根据受审员提交的纠正和预防措施实施报告，收集、记录和审查相关证据。

第七章 审计结果的审阅

第二十三条 安全审计员应审阅和分析所有审计结果。

第二十四条 受审员的领导在审阅审计结果时，应分析的事件包括审计计划、此次审计结果和上次审计结果的比较、纠正和预防措施。

第八章 附 则

第二十五条 本制度由 XXXX 负责解释。

第二十六条 本制度自发布之日起生效执行。

（十一）某单位数据存储介质管理制度

数据存储介质管理制度

第一条 本制度适用于所有涉密和非涉密的数据存储介质，包括服务器、台式电脑、笔记本电脑的硬盘、移动硬盘、U 盘、用于备份数据的磁带、CD/DVD 碟片等。

第二条 XX 部门主要负责数据存储介质管理制度的制定和修订。

第三条 参照制造商使用说明书正确使用数据存储介质，避免暴露于强电磁场内、过热或过冷的环境。

第四条 数据存储介质的存放需根据存载信息数据的类型和

保密要求，采取不同的保管方式。

第五条　加强移动存储介质管理，其中对内网移动存储介质和涉密移动存储介质的管理要按照业务特点和保密要求进行严格的防护。

第六条　所有的移动存储介质都必须进行登记造册和编号管理，可以随时确认移动存储介质的存放位置和责任人等信息。

第七条　所有的涉密移动存储介质必须进行清晰的密级标识，禁止在非涉密计算机上使用，其维修或销毁必须按相关保密规定执行。

第八条　在外网计算机上使用的移动存储介质禁止在内网和涉密网中使用，杜绝发生移动存储介质交叉使用（混用）的现象。

第九条　从移动存储介质存取文件之前，必须使用防病毒软件进行扫描。

第十条　禁止使用移动存储介质复制侵犯知识产权的软件。

第十一条　禁止使用移动存储介质保存色情、政治敏感等非法资料。

第十二条　必须对保存有敏感信息的移动存储介质进行加密处理。

第十三条　在非办公场合使用移动存储介质时，注意对敏感数据进行保护。

第十四条　备份的数据存储介质必须存放于安全存储区域，不可将数据存储介质放置于桌面等暴露地方。

　　第十五条　电脑送修时，将存储信息的硬盘或其他可移动存储介质取出，避免信息泄密。在修理硬盘或其他电脑所使用的移动介质时，如涉及到敏感信息，则必须有专人陪同修理。

　　第十六条　硬盘或其他移动介质报废时，必须进行物理破坏处理，防止信息泄密。

　　第十七条　本制度由 XXXX 负责解释。

　　第十八条　本制度自发布之日起生效执行。

附件二、某单位互联网接入应用实例

某单位互联网接入安全管理实施方案如下：

（一）互联网安全接入前的网络安全现状分析

某单位有 1 号和 2 号两个办公区，目前各自有 2 个独立的互联网接入口。互联网安全接入改造工作前的网络拓扑示意图如下所示：

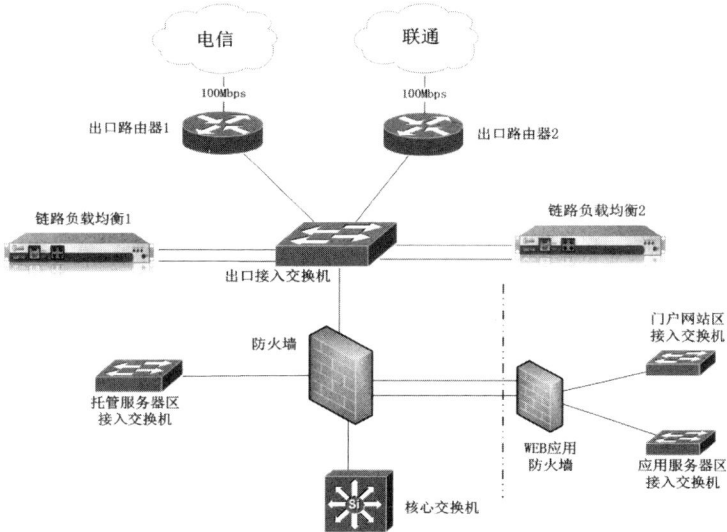

图 1　办公 1 区网络拓扑示意图

1. 办公 1 区的网络现状

在办公 1 区中，互联网接入口通过租用运营商两条 100M 线路，接入互联网，实现互联网出口的流量汇聚，满足互联网业务对网络带宽的要求。在互联网接入区部署接入交换机、负载均衡设备实现网络带宽的合理管理，保证互联网接入网络的稳定性和可用性。部署网络防火墙，对外部网络攻击行为进行有效检测和防护，并对内部设备接入互联网进行限制。在 DMZ 区，部署部门户网站系统、Mail 服务器、DNS 服务器等。同时部署 IDS 系统、网络审计设备、漏洞扫描设备，对网络的入侵行为、日常网络行为进行实时检测，通过漏洞扫描设备对业务系统进行定期漏洞扫描，提供业务系统的安全性。用户区域部署了交换机，并以部门为单位进行 VLAN 划分。

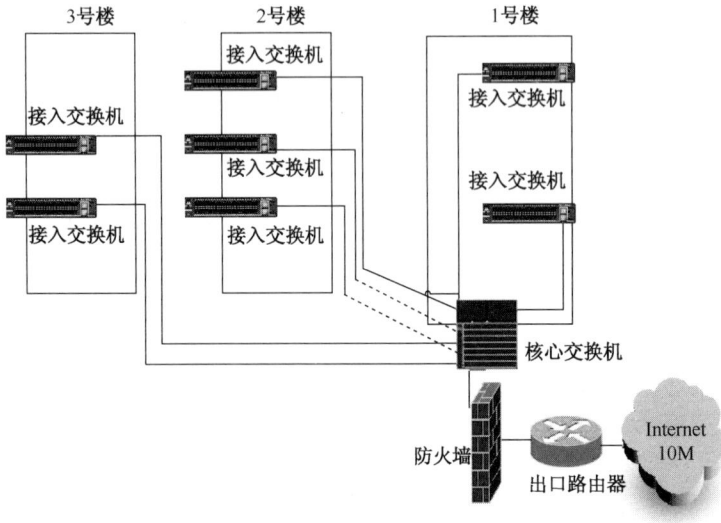

图 2　办公 2 区网络拓扑示意图

2．办公 2 区的网络现状

在办公 2 区中，通过租用运营商 10M 线路接入互联网，部署了防火墙和交换机。

3．存在的安全问题

在两个办公区中，采取的安全防护措施包括互联网区防火墙、IDS 入侵检测、网络审计设备、漏洞扫描设备、web 应用防火墙等；网络接入方面通过部署互联网区的出口路由器、交换机、负载均衡设备，实现与中国电信、中国联通网络的物理连接。但还存在以下几个安全方面的问题：

（1）互联网区存在单点故障，不能保证网络设备及网络链路冗余和可用性；

（2）没有部署边界完整性监测设备，不能对私自连到互联网的行为进行有效的发现、定位和阻断；

（3）没有部署流量控制设备，不能对网络内设备的流量进行监控和分析；

（4）互联网区没有部署入侵防御系统，不能对来自互联网的攻击行为进行有效的监测和阻断；

（5）没有部署上网行为管理系统，不能对内部网络的联网的行为进行管理；

（6）缺乏网络版防病毒产品和统一的终端防病毒软件；

（7）没有对网络设备进行两种以上的身份鉴别、操作审计、访问控制性能方面的限制；

（8）缺乏日志集中管理设备；

（9）缺少相应的技术手段来对网络内部众多的网络设备、安全设备以及服务器的集中管理，缺乏对于各种安全事件统一进行分析和管理的工具；

（10）缺乏对主机设备、网络设备、安全设备等的安全加固手段；

（11）没有建立完整的安全管理制度体系，在互联网接入的建设管理、使用管理、维护管理、安全管理、应急管理等各个方面存在管理不足。

（二）建设的总体目标

从安全技术和安全管理两个方面，建立符合本单位信息系统业务需求的互联网安全接入平台。具体包括两个方面：

（1）建设健全的安全技术手段

从网络接入、边界完整性防护、流量控制、入侵检测与防御、访问控制、接入行为管理、恶意代码防护、设备防护、威胁预警、事件处置、日志留存、统一设备管理、接入口安全管理联动等方面，部署有效的检测和防护措施，对互联网接入进行有效防护。

（2）建立完善的安全管理制度体系

从建设管理、使用管理、维护管理、安全管理、应急管理等方面建立有效的、可操作的安全管理制度，使互联网接入的安全管理流程化、常态化。

（三）总体技术架构

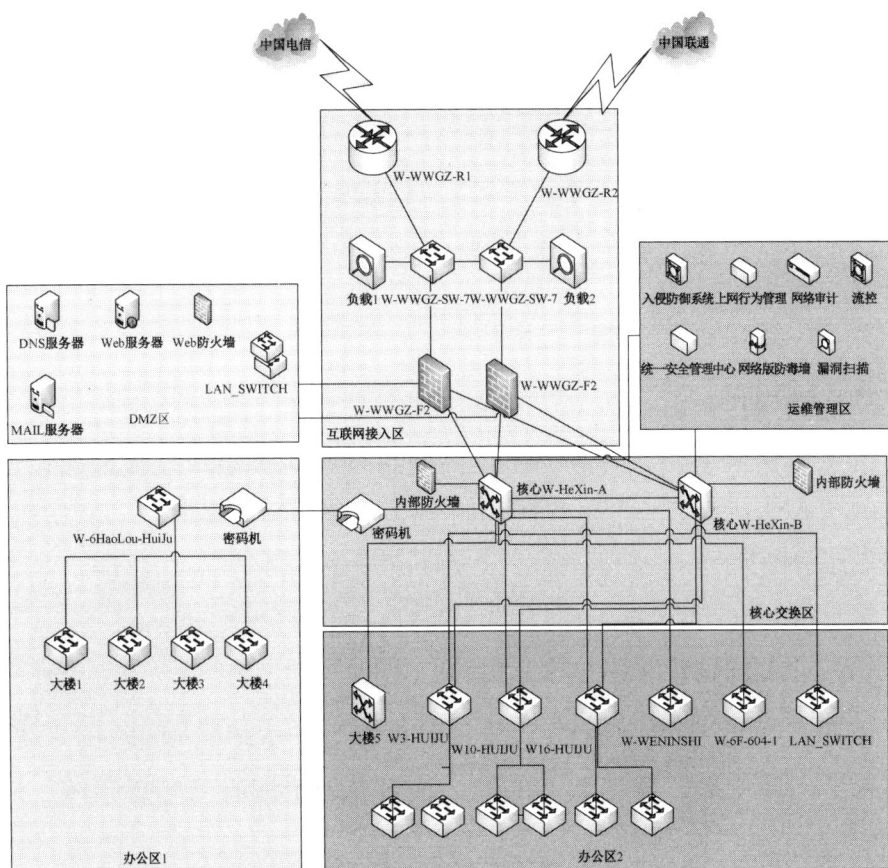

图 3　总体网络拓扑架构

整体架构分为互联网接入区、DMZ 区、核心交换区、运维管理区和办公区。从互联网接入口、流量汇聚、网络接入、安全防护、安全管理以及安全管理联动等方面实现对互联网接入区的安全防护和管理，保障互联网接入网络的安全性和可用性。

（1）流量汇聚

由边界路由器统一接入运营商两条线路，对办公 1 区和办公 2 区的互联网接入口进行整合。在办公 2 区中心机房建设统一的互联网接入口，办公 1 区同办公 2 区之间通过专线方式进行连接，通过统一的互联网接入口接入互联网。各办公区专线两端配置网络加密设备保证安全。

（2）网络接入

互联网接入区，包括边界路由器、交换机、负载均衡等设备。通过边界路由器接入互联网提供商网络。在防火墙或负载均衡设备上开启带宽管理功能，配置适当的 QoS 策略，保证网络发生拥堵时，优先保护链网信息系统（如门户网站、邮件系统等应用系统）的业务流量。

（3）安全防护

在互联网区、DMZ 区、运维管理区部署防火墙、入侵防御系统、web 应用防火墙、防毒墙、漏洞扫描设备、上网行为管理系统、流控等设备。

（4）安全管理

部署在运维管理区，包括网络审计设备、统一安全管理中心等设备，实现对网络中主机设备、安全设备、网络设备的操作行为、系统日志留存、威胁预警、安全事件关联分析等方面的管理。

（四）主要技术防护手段

1、访问控制

互联网出口已经部署了防火墙，实现内外网之间的访问控制，将进一步严格访问控制策略。

2、入侵检测与防御

在互联网接入口部署网络入侵防御设备，对所有来自互联网的攻击行为进行实时在线检测，包括外部攻击者利用部机关外网网络和联网主机系统自身薄弱点进行的非法入侵和攻击、产生大量异常访问导致服务器资源耗尽的 DoS/DDoS 攻击以及木马、蠕虫等恶意程序传播，并对检测到的非法流量进行积极阻断，同时向管理员通报攻击信息，避免部机关外网信息系统因遭受外界网络的恶意攻击而导致正常的网络通讯和业务服务中断、计算机系统崩溃、数据泄密或丢失等等，影响业务服务和信息交互的正常进行。

3、接入行为管理

在互联网接入口部署上网行为管理设备，实现上网终端的互联网访问行为管理和用户身份认证。

（五）流量监测

部署网络审计设备，采用旁路部署方式，配置双监听口，分别连接在部机关外网双核心交换机上，监听边界防火墙内网口上进出的所有流量。

（六）终端管控

采用非法外联监控系统，通过部署在上网终端系统中的客户端代理，对部机关外网用户未经准许通过其他接入口私自连接到互联网的行为进行有效发现、准确定位和有效阻断。目前部机关外网部署的内网安全管理系统已具备该功能，此次将对其进行非法外联监控策略的配置并在全网执行，具体措施包括：

1、禁止上网终端的私自拨号外联行为；

2、禁止上网终端私自修改网络配置；

3、监测上网终端拔掉内网网线或禁用本地网卡等行为；

4、监测上网终端同时启用多网卡的行为、监控在互联网边界安全设备上明确禁止访问的外网 URL 地址或关键字。

（七）安全管理制度建设

结合工作实际，建立互联网接入终端审核制度、保密巡查制度、入侵监测巡检制度等，进一步规范、加强互联网接入安全和保密管理。

参考文献

（一）政策文件

1.《国家信息化领导小组关于加强信息安全保障工作的意见》（中办发〔2003〕27号）

2.《关于加强党政机关计算机信息系统安全和保密管理的若干规定》（国保发〔2007〕13号）

3.《国务院办公厅关于加强政府信息系统安全和保密管理工作的通知》（国办发〔2008〕17号）

4.《国务院办公厅关于印发国家网络与信息安全事件应急预案的通知》（国办函〔2008〕168号）

5.《国务院办公厅关于印发<政府信息系统安全检查办法>的通知》（国办发〔2009〕28号）

6.《关于大力推进信息化发展和切实保障信息安全工作的若干意见》（国办发〔2012〕23号）

7.《关于开展重点领域网络与信息安全检查行动的通知》（国办发〔2012〕102号）

8.《关于加强党政机关网站安全管理的通知》（中网办发文

〔2014〕1 号）

9.《关于印发<2014 年国家网络安全检查工作方案>的通知 》（中网办发文〔2014〕5 号）

10．其他有关政策规定

（二）技术标准

1.《信息系统安全管理要求》（GB/T 20269-2006）

2.《信息安全风险评估规范》（GB/T 20984-2007）

3.《信息安全事件管理指南》（GB/T 20985-2007）

4.《信息安全事件分类分级指南》（GB/T 20986-2007）

5.《信息系统灾难恢复规范》（GB/T 20988-2007）

6.《信息系统安全等级保护基本要求》（GB/T 22239-2008）

7.《信息安全管理体系要求》（GB/T 22080-2008）

8.《信息安全管理实用规则》（GB/T 22081-2008）

9.《信息安全应急响应计划规范》（GB/T 24363-2009）

10.《信息安全风险管理指南》（GB/T 24364-2009）

11.《政府部门信息安全管理基本要求》（GB/T 29245-2012）

12．其他有关技术标准